ヒューマンエラーに基づく海洋事故
信頼性解析とリスク評価

福地 信義 著

KAIBUNDO

目　次

はじめに 7

第1章　事故と人的要因 11

1.1　事故の構造と安全性 12
　　(1)　事故の状態 12
　　　　(a)　事故の構造と要因 12
　　　　(b)　事故の推移 15
　　(2)　リスクと安全計画 16
　　　　(a)　リスク評価 16
　　　　(b)　事故モデルによる原因探求と安全計画 17

1.2　人間-機械系の機能配分と信頼性 19
　　(1)　機能配分 19
　　(2)　信頼性の確保 20

1.3　人的過誤と信頼性 21
　　(1)　人的過誤対策の重要性 21
　　(2)　人的過誤の発生と対応 22
　　(3)　信頼性評価 23

第2章　信頼性解析と問題点への対応 27

2.1　フォールトツリー解析 27
　　(1)　フォールトツリー解析の概要 27
　　(2)　人的要因と過誤の発生 29
　　　　(a)　基本事象の生起確率 29

　　　　(b)【例】油タンカーの荷役時の漏油事故 30
2.2 イベントツリー解析 33
　　(1) イベントツリー解析の概要 33
　　(2)【例】船舶の静止物への衝突 34
2.3 バリエーションツリー解析 35
　　(1) バリエーションツリー解析の概要 35
　　(2) 海洋事故におけるバリエーションツリー 36
　　　　(a) バリエーションツリーの構造 36
　　　　(b) 事故防止対策の策定 36
　　　　(c)【例】船舶の衝突事故（日鋼丸〜雄端丸の衝突） 37
2.4 ツリー型分析法の問題点と対応策 39
　　(1) 事故要因（基本事象・ヘディング事象）の抽出 39
　　　　(a) フォールトツリー解析 40
　　　　(b) イベントツリー解析 40
　　(2) 基本/ヘディング事象の生起/分岐確率 41
　　　　(a) 危惧度による発生確率の計算 41
　　　　(b) 確率では表し難い現象―パニック状態 42
2.5 時系列的推移における従属変数と回復係数 42
　　(1) 事象間の従属関係と生起確率 42
　　(2) 従属影響からの回復と成否確率 44
　　(3) 適応例―乗り揚げ事故 45
　　　　(a) 乗り揚げ事故の安全解析 45
　　　　(b) 乗り揚げ事故の生起確率推定 51
2.6 リスクと評価指数 51
　　(1) 評価指数 51
　　(2)【例】乗り揚げ事故のヘディングの影響度指数 52

第3章　心理情報と緊張・パニック 53
　3.1 パニック状態と心理情報処理モデル 54

  (1) 危機時の心理情報処理 54
  (2) パニック状態の生起 56
  (3) 心理情報処理モデルと解析例 57
  (4) 【例】避難シミュレーション 60
 3.2 危機時の緊張度と事故生起 62
  (1) 緊急時の操船者の心理的圧迫感と反応 62
   (a) 緊急時の心理情報処理 62
   (b) 外的刺激と内的対応による緊張感の指標 63
   (c) 心理モデルの制御支配項目 66
   (d) 心理過程のシミュレーション 67
  (2) 緊張度に応じた事故の生起確率 69
   (a) FTA と生起確率 69
   (b) 操船経験と緊張度 70

第4章　心拍変動による緊張ストレス計測 75

 4.1 心拍変動による緊張ストレスの推定 75
  (1) 緊張ストレスと心拍変動の関係 76
   (a) 心拍と自律神経の関係 76
   (b) 心拍変動計測とスペクトル解析 76
  (2) 心拍変動の計測と解析信頼性 78
   (a) 計測と分析方法 78
   (b) 予備的な計測—自動車による実験 78
   (c) 内航 LPG タンカーにおける計測 80
 4.2 操船時における環境ストレス 82
  (1) 操船者の環境ストレス値 82
  (2) 実船計測に対応した環境ストレス値と緊張度 83
   (a) 博多港入港時の旅客フェリー 83
   (b) 郷ノ浦港出航時の旅客フェリー 85
   (c) 緊張ストレス値と環境ストレス値の特徴と有効性 86

| 第5章 | 緊張下の状態推移と事故防止対策 .... 89 |

5.1 事故までの推移と安全対策 89
　　(1) 状態推移の解析法 90
　　　　(a) マルコフ過程による状態推移 90
　　　　(b) 直列的推移モデルの状態方程式 92
　　　　(c) 単位時間ステップによるマルコフ過程の妥当性 94
　　(2) 衝突事故の状態推移 95
　　(3) 安全対策とその効果 100
　　　　(a) 衝突事故と人的要因 100
　　　　(b) 衝突防止対策 102
　　　　(c) 事故対策の効果 103

5.2 液体荷役作業の緊張と自動化の効果 104
　　(1) 液体荷役作業と緊張ストレス 105
　　　　(a) 液体荷役作業の過程 105
　　　　(b) 荷役自動化の照準とシステム機能 107
　　(2) 荷役時における心拍変動計測 109
　　　　(a) 機側手動のタンカー 109
　　　　(b) 自動化システム搭載タンカー 114
　　(3) 緊張ストレス低減に対する荷役自動化の効果 117
　　　　(a) 荷役作業の緊張度比較 118
　　　　(b) 荷役自動化の緊張度低減への寄与 118

| 第6章 | リスク解析 .... 121 |

6.1 人的要因を考慮した火災時の避難安全性 122
　　(1) 避難計画にかかわる人的要因 122
　　　　(a) 避難時の心理状態と行動 122
　　　　(b) 歩行速度 124
　　(2) 避難シミュレーションと安全性評価 125
　　　　(a) 避難モデルの概念 125

		(b) 避難シミュレーションの計算法 *126*
		(c) 煙流動シミュレーション *129*
		(d) 避難安全性の判定 *130*
	(3) クルーズ客船における避難シミュレーション *131*
		(a) 解析モデル *131*
		(b) シミュレーションの結果 *134*
		(c) 避難安全性に関するリスク評価 *136*
6.2 安全システムのリスク解析手法 *139*
	(1) 人間-機械系システムの信頼性とリスク評価 *139*
		(a) リスク解析の手順 *139*
		(b) リスク評価分析 *141*
	(2) FTAによる信頼性解析─【例】避難安全システム *142*
		(a) 卓越事象によるフォールトツリー *143*
		(b) 卓越事象への対策と効果 *143*
	(3) 避難安全システムのリスク評価 *146*
		(a) リスク解析のための要因 *146*
		(b) 対策レベルと対策費用の関係 *148*
		(c) リスク評価の結果 *149*

おわりに *155*
参考文献 *157*
索引 *163*

はじめに

　衝突，座礁，火災，油流出などの海洋事故では，安全にかかわる機能システムにおける誤知覚，誤判断，誤操作などの人的過誤（ヒューマンエラーおよび人で構成する組織の不全）に起因する事故が80～90％を占めている。これは，人工物の開発では高度の技術と機能の多様化が求められ，性能優先・機能優先を主課題とし，人的要因にかかわる課題を副次的としてきた科学技術のシワ寄せの一つでもある。人的過誤には，組織・運営の不全，システム設計の不完全さ，計装系の欠陥に誘起されて発生するものもあり，緊急時の反応行動や心理情報処理過程をも考慮した誤判断や誤操作の起こりにくい対策が不可欠である。また，事故発生後の危機回避にも人的要因を踏まえた安全な機構を構築する必要がある。ただ，安全性の確保には経済的負担を伴い，これには人命の価値観が関与して難しい判断が伴うが，何らかの負担の限度を定める必要がある。

　人的過誤に起因する信頼性（ヒューマン信頼性）問題の解決のためには，まず過去に起きた海洋事故を分析し，事故に至るまでの推移を把握して，事故につながる要因とその生起確率を把握する必要がある。次に事故防止対策の策定とその効果の予測を行い，リスク評価を行うことで解決策を決定できる。ただし，これには海洋にかかわる自然環境や運用状況を十分に踏まえることが不可欠である。とくに，船舶の設計・運用計画に関しては，運航コスト低減のための省人化・混乗化および緻密な荷役計画による輸送効率の改善が求められ，さらに積み荷の品質確保，環境保護が大きく問題視されている背景を十分に理解して当たる必要がある。

　船舶や海洋構造物の機能システムは，主に人間−機械系システムであり，人間に一定レベル以上の判断・操作能力を期待して機械との機能配分を行っているが，人間の思考・行動能力は環境負荷や仕事内容などの外部環境によって大き

な影響を受ける。たとえば輻輳海域での操船は，タスクロードが大きく，疲労や緊張によって心身機能が低下して，操船能力に影響を与えることが懸念される。したがって，このような人間-機械系システムにおいては，環境負荷による心身能力の変化と事故にかかわる事象の時間経過に伴う推移を考慮したシステム信頼性評価に基づいたシステム設計が不可欠である。

　本書は，人的過誤に起因する海洋事故を対象として，緊張ストレス環境下における信頼性評価を行い，これに基づき事故の状態推移について解析し，人間-機械系システムに関する安全設計のための基礎とすることを目的としている。なお，ここで扱う人的過誤には，人的要因そのものによるエラー（ヒューマンエラー）のみならず人により構成された組織の不全に基づくものも含めて考える。ただし，信頼性解析は，解析者のその問題に対する認知の度合いにより問題の意味あいが異なる，いわゆる"悪定義問題"であり，問題の捉え方，問題分析への取り組み方，解の解釈の仕方，置かれている立場，などに依存して異なることがあるために，ここでは実験・計測および数理解析に基づいた定量的な信頼性解析とそれに伴うリスク評価を主体として説明している。

　本書の内容は以下のように構成されている。

　まず，緊張ストレス環境下における信頼性評価法として，代表的なツリー型分析法（フォールトツリー解析，イベントツリー解析，バリエーションツリー解析）について説明し，その解析特性と事故の形態に応じた適応性と問題点について述べている。

　次に，緊張ストレス環境下における心理情報処理の推移過程を考慮するために，緊急時の心理情報処理プロセスを模した数理モデルを構築して，緊張による判断・行動能力の低下およびパニック状態の生起を表現し，緊張ストレスの発現と対応能力の関係を調べ，事故の発生確率を算出している。

　さらに，緊張ストレスと人的過誤生起の関係を考慮した信頼性解析を行うために，操船中における操船者の心拍数を計測し，心電図から粗視化スペクトル法により緊張ストレス値を算出して，環境負荷による緊張ストレスの発生状態を把握している。また，衝突事故における状態推移をマルコフ過程による確率

モデルを用いて推定して，事故防止のための支援システムのあり方について考察している。

　最後に，信頼性解析に基づいた事故の生起確率をある程度の精度で推定して，これにより改善すべき事象を抽出して，その対策の効果を予測する手法について述べている。この方法を避難安全システムに適用して，その有用性を知るとともに，安全システムにおけるリスク評価の手法について説明している。

　ただし，本書で述べた解析手法を信頼性解析およびリスク評価問題に精度良く適用するためには，さらに心理学実験，海洋事故の事象分析，アンケート調査，データ収集とデータ累積などが必要である。これからヒューマン信頼性解析に携わる人は，収集・累積すべきデータの種類・形態を決めるに当たって本書を参考にして，新しい問題への挑戦など，さらに発展していただくよう願っている。

　本書で用いた解析例は，著者がかつて所属した海洋システム設計学の研究室において研究の対象としたものであり，計測・計算・解析に当たった各位には心から感謝いたします。

第1章　事故と人的要因

　事故に至る事象を起こす誘因（暴風，濃霧，豪雨などの事故・災害を起こす第一次要因），素因（誘因を受け入れてしまう要因），拡大要因（事故損害を拡大，激化する要因）が明確で支配的な場合には，事故に対するリスク分析は比較的容易である。一方，人的要因などの多くの要因が絡まって不安全な状態に移行する現象については，事故の素因である基本要因（事象）の結合に基づく事故に至る過程を分析することが必要である。

　事故のリスク評価を目的とした信頼性解析法は種々あり，機器の信頼性を対象とするものはFMEA（故障モード影響解析），累積ハザード，MTBF（平均故障間隔），Availability（有効稼動率）などの信頼性解析法[1-1]や指数が確立しているのに対し，人的要因に起因する過誤や組織の不全に関する解析手法とその解の良否についての判定にはさまざまな解釈がある。その理由としては，信頼性解析は解析者のその問題に対する認知の度合いにより問題の意味あいが異なる，いわゆる"悪定義問題"[1-2]であり，1)問題の捉え方，2)問題分析への取り組み方，3)解の解釈の仕方，4)置かれている立場，などに依存して問題の視点や評価が異なることによる。

1.1 事故の構造と安全性

(1) 事故の状態

(a) 事故の構造と要因

　船舶や海洋構造物に起こる事故では，船や浮体の機能を一部失う小事故から火災や座礁などの人命にかかわる事故または油流出のような環境汚染を引き起こす事故まである。この中には不可抗力のものもあるが，一般には人間−機械系システムにわずかな欠陥（素因）があり，事故を引き起こす一次要因（誘因）が発生し，これに拡大要因が存在する場合に重大な事故へと発展する。事故・災害の拡大要因は，事故規模の拡大によって新たな事故損害を生じる正帰還（Positive feedback）である。これに対応して，事故防止対策には次の2種類がある。

a) Passive対策：拡大要因に対抗する対策，【例】防火構造，難燃化

b) Active対策：事故規模の拡大を抑える負帰還（Negative feedback）を設けて防止する，【例】スプリンクラー，消火活動

　ここに，Passive対策は，対策が施されていればいかなる条件下でも安全側に作用する本質安全策である。一方Active対策は巧く機能したときのみ役に立ち，制御安全と呼ばれる。当然，安全対策は"本質安全"を求めるべきであるが，経済性や技術的な困難さから"制御安全"に代替されることもある。

　事故の構造を図示すると図1.1のようになる[1-3]。

　船舶や海洋構造物に起こる事故の生起要因は多種多様に考えられ，それは要因分析者の知見に依存するために，ここでは，一般的な見識と認められている畑村ら[1-4]の"失敗知識データベース"から共通の事故生起要因を抽出し，それをもとにした装置産業や輸送機関の事故に関する起因の階層は以下のように表される。

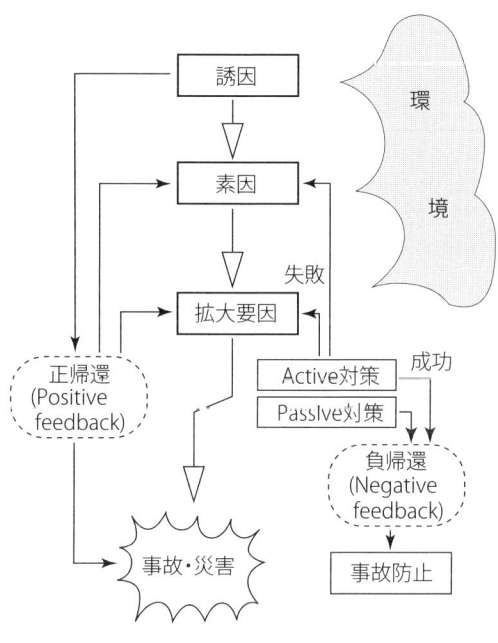

図 1.1　事故災害の構造

I. 機器故障

- 機器故障・破損
- 機器の機能不全，計器不全

II. 組織の不全

- 価値観不良：組織文化不良，安全意識不足
- 運営不良：運営の硬直化，管理体制の不備，構成員不良

III. 計画・設計段階の不良

- 未知による失敗：未知の事象発生，異常事象発生
- 設計・計画段階の人的過誤：環境調査・事前検討不足，戦略・企画不足，組織・構成不足，計画・立案不完全

- 建造時の人的過誤：施工ミス，検査ミス

IV．運用時の人的過誤

〔IV-1〕知覚段階の過誤
- 異常発見困難な状況：理解不足，注意不足，疲労・体調不良
- 服務不適切：他の作業に従事，居眠り，監視不十分

〔IV-2〕判断段階の過誤
- 環境変化に対する対応不良
- 知識不足：安全意識不良，機器システムの知識不良
- 伝承不足（教育不足）
- 作業標準（SOP）の不備
- 誤判断：誤った判断，連絡不足，状況の認識不足，狭い視野

〔IV-3〕操作段階の過誤
- 知識不足：安全意識不足，作業標準（SOP）の不備
- 機器の不備
- 不注意動作：操作拙劣，動作ミス
- 手順の不遵守：体調不良，連絡不足，手順無視
- 操作変更の失敗
- 緊急操作の失敗：パニック，不作為

　海洋事故では，IV.運用時の人的過誤によるものが80〜90％程度原因すると見られており，I.計器の不備や機器の機能不全などの故障が主であるハードウェアの不全が残りを占めている。II.およびIII.組織・計画・建造の不全は間接的に起因に影響することが多く，あまり表面化していない。これからの事故防止対策には，直接原因の排除や封じ込めの他に，II.およびIII.の持つ事故につながる潜在要因に対する検討が不可欠である。

　とくに，内航船の海難事故（1977〜2001）[1-5]では，監視（見張り）不十分（31.3％），航法不遵守（11.8％），服務に関する指揮・監督の不適切（6.8％），

居眠り（6.1％），手順無視（信号不吹鳴）（6.0％）などが主な原因であり，これらを引き起こした素因や誘因に対して防止対策が必要である。

(b) 事故の推移

　事故の中でも尊く修復不可能な人命にかかわる安全性の問題があり，システム計画の中で安全計画または安全対策は不可欠である。システムが正常に機能している安全状態から事故発生により危険状態へ推移するが，何らかの事故対策により修復可能な場合もありうる。このプロセスを図1.2に示す。図中の p, q, r, s は各ルートの状態推移確率を示すが，修復の有無による安全と危険状態の確率の経時変化は図1.3に示す例のようになる。修復が不可能な場合には当然のこととして安全状態の確率が急激に低下するが，修復が可能でも安全状態の確率はしだいに低下する。これにより固定したシステムでは，本質的には修復不可能な状態へ移る危険性（吸収状態と呼ばれている）が内存していることがわかる。このため，絶えず対象とするシステムの改革を行って安全を維持することが必要であり，安全対策も状態に応じて変化させなければならない。さらに，安全状態の維持のためには，事故発生の生起確率 p, q を小さくすること，および事故対策を策定して修復の可能性 r を高める必要がある。ただし，状態推移の確率 p, q, r, s は一般に不可測分も含まれて不確定的で把握することが困難であり，後述のフォールトツリー解析（FTA）などの手法を用いた推定値により，安全計画または安全対策を行うことになる。これらの例は5.1節において述べる。

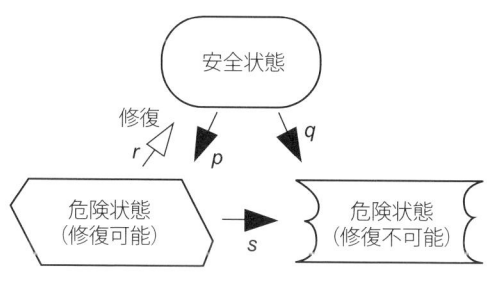

図1.2　状態推移図

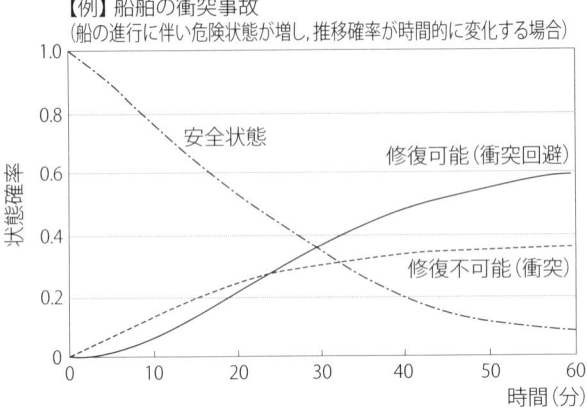

(a) 修復の可能性が低い場合(操船者に強い環境ストレスが負荷)

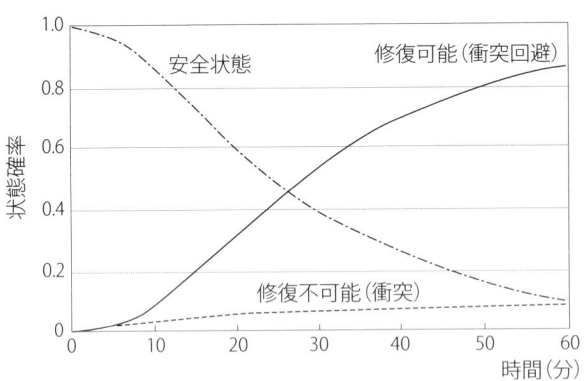

(b) 修復の可能性が高い場合(操船者の環境ストレスが適度)

図 1.3　修復と状態確率の例

(2) リスクと安全計画

(a) リスク評価

　安全性を評価する場合には，人の価値観が関係し，とくに人命をどのように価値評価するのかという難しい問題がある。ただ人命損失の確率を減少させる

対策には費用がかかり，この経済的負担により他の安全面が疎かになるために，おのずから限度がある。このため，図1.4に示す人的・物的損失の評価値と安全対策コストの和からなる総損失期待値の最小化から安全レベルの設定を行う。これには人命損失の評価に社会的コンセンサスを得る難しさの他に，損失の加法性が問題となる。この解決のためには，人命損失が起こる確率の許容値を日常生活の中に存在する危険度などから設定し，この許容範囲の中で経済的損失の最小な対策を採用するバックグラウンド・リスクの考え方により安全計画を策定する場合もある。この例は6.2節において述べる。

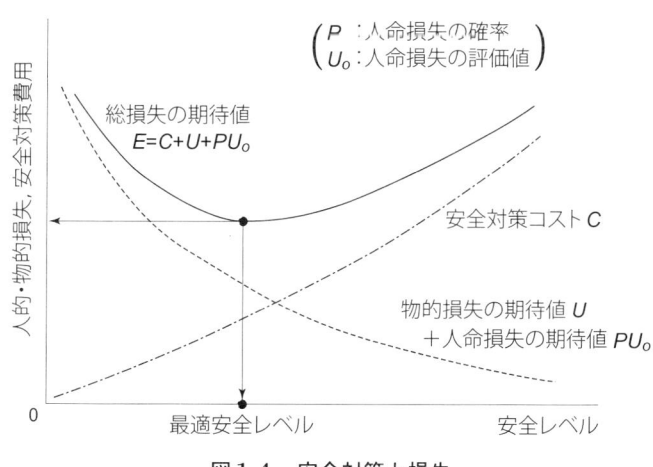

図1.4　安全対策と損失

(b) 事故モデルによる原因探求と安全計画

　事故がどのようにして発生して損傷・危害に至ったのか，とくに人間の役割を重視した因果関係などの事故構造を定式化し，事故の原因探求と安全計画の策定を容易にするために，Hollnagelは以下の3種類の事故モデルに分類することを提案している[1-6]。

[I] 連続的事故モデル (Sequential accident model)
　　　事故を完結した要因が特定の順序で発生する事象の連続として説明す

るモデルであり，Heinrichのドミノ理論（事故を社会的環境，失敗，不安全行為，事故発生，損傷・危害といった一連のブロックとして視覚化し，一つのブロックが倒れたら他のブロックも倒れるとする表現）に対応している。このモデルによる分析の目的は，事故原因の排除と封じ込めにある。

[II] **疫学的事故モデル** (Epidemiological accident model)

事故を病気がまん延する場合の様相に類似させたモデルにより，潜在的な要因も含めた同時空的な事故要因の組み合わせの結果として起こるものと説明しており，複雑な組織プロセスなどに発生しやすい潜在的な不全（失敗）が複合して起こる事故などが対象となる。したがって連続的事故モデルとは潜在条件の有無が異なり，このモデルでは複雑なシステムに内在する潜在条件が通常と異なる変動行為により事故を発生させることになる。この潜在的不全は設計，手順書（SOP），保守，訓練，人間－機械系インターフェイスなどの基本的な組織プロセスの中にも存在する。このモデルによる分析目的は，予期しない事故生起の防止のためにバリアを設けて防護することである。

[III] **創発的事故モデル** (Systemic accident model)

複合システムの場合には，その構成は［構成要素］［サブシステム］［システム］と階層化されるが，それぞれの階層において固有の特性を持ち，構成要素間の相互作用が全体的な性質を形成し，これが構成要素の性質に影響する。この事故モデルでは，システムの各構成要素の機能を問題視するのではなく，多数の要素が共同して適正な挙動をする仕組みにブレや狂いが生じ，システム全体のレベルで事故を発現（創発）させる現象（Emergent phenomena）として捉えている。このモデルでは，変動要因の監視と制御を適正に行うことを目標としている。

[I] 連続的事故モデルおよび[II] 疫学的事故モデルは，明確な原因と結果の因果関係を主体とする視点によって事故分析を行い，イベントツリーなどのツリー型分析法（第2章において説明）による解析が可能である。このために事

故生起の確率が把握できるのでリスク評価も行いやすい。したがって，[I]モデルでは事故原因の排除と封じ込めによる対策，および[II]モデルでは事故生起につながる潜在的な不全の防止（prevent）と事故の進展をくい止める防護（protect）を対策とし，安全計画も比較的策定しやすい。本書では主にこの両モデルに沿った事故を対象としている。

一方，[III]創発的事故モデルでは，事故がシステムの構成要素の機能にブレや狂いから発生する複雑性によるために，ツリー型分析法とは異なる，カオス判定法や複雑系の諸手法による解析を必要とする。ただし，2.3節で述べるバリエーションツリー解析は変動要因の監視による分析法であるので，創発的事故の対策を考える上では有効である。

1.2 人間−機械系の機能配分と信頼性

(1) 機能配分

船舶や海洋構造物の機能システムは一般に人間−機械系であり，この設計にはシステム分析・計画を行うことによりシステム要件を明確化し，システム機能分析に基づき人間と機械の特徴と限界を踏まえた機能配分を行う。また，この段階で人間−機械系としての整合性をチェックする必要がある。これらの機能配分などのシステム計画が不十分な場合には稼動時のトラブル発生から大事故生起の可能性へつながる。

人間と機械の機能配分の一般原則を例示すると以下のようになる。

I. 機械のほうが有利な機能

- ルーチン計算，多量情報の蓄積，多量データの整理
- 大きい，迅速な物理力の負荷への対応，長時間の負荷に対応
- 調整・操作のスピードがきわめて重要な場合の対応
- 同じ判断基準による判断の反復，一定仕事の反復

II. 人間のほうが有利な機能

- パターン変化時のパターン認識
- 多種の入力間の判別，きわめて発生頻度の低い事象に対する判断，煩雑な情報の判別
- 帰納的推理力を要する問題の解決
- 不測の事態発生が予測され探知情報が期待される場合の対応

人間の基本的な限界としては，(i) 正確度の限界，(ii) 体力の限界，(iii) 行動速度の限界，(iv) 知覚能力の限界がある。また機械には，(i) 機械性能の保持能力の限界，(ii) 機械の正常動作の限界，(iii) 機械による判断能力の限界，(iv) 費用の限界があるため，人間と機械への機能配分にはこれらの限界を考えなければならない[1-7]。ただし，人間の能力限界は教育・訓練によりある程度上積みできるが，異常事態での能力は正常時とは大きく異なることも考慮しなければならない。

(2) 信頼性の確保

人間-機械系のシステムにおいて信頼性を確保するためには，次の機能を持つことが不可欠である[1-8]。

a) システム構成要素の信頼性を向上させた，信頼性の高い機器機能
b) 機械側の動作が人間側に容易に間違いなく理解でき，操作の意図が機械側に伝えられるインターフェイス
c) 人間側が欲しい情報への容易なアクセス
d) 機械側の故障を含む過誤が人間側で容易に検知でき，対策のとれるシステム機能
e) 人間側の過誤が機械側で容易に検知でき，対策がとれるシステム機能

これらのシステムの実現のためには，機械側の過誤と人間側の過誤を洗い出し，各過誤に対する対策を立てることが必要である。さらに，これを実現する手段として次のようなものがある。

a) システム構成の冗長化，柔軟化，明確化，分散化

b) システム構成要素の状態の予測・診断および状態の理解・把握のためのマン・マシン・インターフェイス技術

c) システム異常に対する処理法の策定，処理のためのモデリング技術とシミュレーション利用技術

また，新規開発の自動化システムなどでは次の機能を備えなければならない．

a) 理解が容易で間違いにくい表示機能および情報アクセス機能

b) 操作が容易で間違いにくく，訂正が容易な入力機能

c) 将来の状態が容易に理解できるためのシミュレーション機能

1.3　人的過誤と信頼性

(1) 人的過誤対策の重要性

　科学技術の進歩により，機械的要素の信頼性はかなり改善されたが，人的過誤に対する対策はあまり進まず，人間の信頼性の低さが事故を起こす主要因となっている．たとえば，装置産業や輸送機関の事故原因のうち，80％以上は人的要因によるもので，そのうち30％は設備・装置の改善や作業のやり方の改善によって事故発生が防げるものと言われている[1-9]．

　人間–機械系の信頼性は，人間が担う機能の信頼性（人間が決められたことを正しく行う確率）R_H と機械の信頼性 R_M に依存しており，システム全体の信頼性 R_S は概略その論理積 $R_H \bullet R_M$ となる．たとえば，$R_H = 0.8$，$R_M = 0.95$ なら $R_S = 0.76$ であり，このような状況において技術改良により機械の信頼性を $R_M = 0.99$ まで上げても $R_S = 0.79$ であり，システム全体の信頼度はあまり改善されない[1-7]．したがって，システム信頼性を高めるためには人間の信頼性を高める方策を考えることが不可欠である．

人的過誤は知覚・判断・操作の各段階にわたって起こりうるために非常に多岐にわたっており，普遍的な性質を見いだすことは困難であるが，過誤につながる人的要因に関する特性分析を行って，過誤防止の対策を立てる必要がある。

（2）人的過誤の発生と対応

Rasmussen は人的過誤の発生過程を図 1.5 のように考えており[1-10]，人間の内的状態に問題があるとき，外的要因（環境）が作用して過誤が発生するものとしている。この外的要因は人的過誤の背後要因（4M）と呼ばれ，次のように分類される。

a) 人間（Man）：職場の人間関係など
b) 機械（Machine）：人間と機械のインターフェイスに人間工学的配慮の有無
c) 環境（Media）：温度，湿度などの物理的環境条件，作業方法や手順などのソフトシステム
d) 管理（Management）：安全規則の取り締まり，点検・管理・監督や指示方法，および教育・訓練

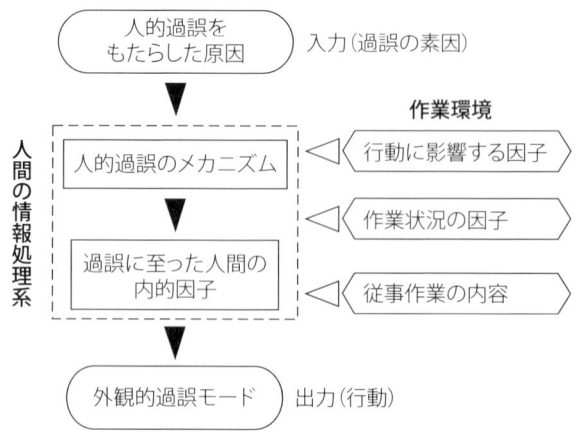

図 1.5　人的過誤の発生過程

人的過誤を減少させるには背後要因（4M）を各々適正なものにする必要があり，これに対処するための冗長性のあるシステム構成としては，次の方式がある。

a) Fail safe 方式：エラーが生じても安全側に働く

b) Shut down 方式：エラー発生時にはシステムプロセスを停止させる

さらに，積極的に人的過誤が生じえない Fool proof 設計を目標とすべきである。

(3) 信頼性評価

システム信頼性評価の単一基準としては以下のものがある[1-11]。

a) **信頼度** (Reliability)：対象とするシステムや構成要素が機能不全（故障）を起こすまでの時間 X が許容時間 t より大きくなる確率 $R(t) = P\{X > t\}$ で表す。$F(t) = P\{X \leq t\}$ を累積故障率（時刻 t までに故障する確率）とすると，$R(t) = 1 - F(t)$ となる。

b) **故障率** (Failure rate)：単位時間にどの程度故障するかを確率で示したもので，関数 $f(t) = dF(t)/dt = -dR(t)/dt$ が存在する場合には瞬間故障率は $\lambda = f(t)/R(t)$ $(R(t) > 0)$ で表す。なお，機器の故障率は一般に3段階のバスタブ曲線状に経時変化する。

　i) 初期故障期：初期不良が主たる原因であり，故障率は時間と共に減少する。

　ii) 偶発故障期：故障率は一定の時期であり，故障の発生がポアソン分布に従う場合が多く，故障率を λ とすると $R(t) = e^{-\lambda t}$ となる。

　iii) 摩擦・疲労故障期：故障率は時間と共に増加し，ワイブル分布で表されることが多く，$R(t) = e^{-\lambda t^m}$（m は分布の形を決める形状パラメータ）となる。

c) **平均故障間隔**（MTBF ; Mean Time Between Failures）：故障の際に保全により機能を回復させ，使用を継続する場合の相隣る故障間の作動時間の平均値であり，修理にかかった時間を平均したものは平均修理時間（MTTR ; Mean Time to Repair）である．

$$\mathrm{MTBT} = \frac{総稼動時間}{総故障件数} = \frac{1}{\lambda}$$

$$\mathrm{MTTR} = \frac{総修復時間}{総故障件数}$$

d) **保全度**（Maintainability）：故障の修理または保全作業による要求された機能を回復する期間が規定の期間内に占める割合で示す．

e) **稼動率**（Availability）：機器やシステムがある期間内に機能を維持している時間の割合であり，次の関係がある．一方，機器やシステムが使えない状態にある割合は不稼動率と言う．

$$アベイラビリティ = \frac{\mathrm{MTBF}}{\mathrm{MTBT} + \mathrm{MTTR}}$$

$$不稼動率 = \frac{\mathrm{MTTR}}{\mathrm{MTBT} + \mathrm{MTTR}}$$

大規模なシステムにおいてはシステムの使命や機能に対する要求は多次元的であり，単一な評価規準ではシステムの多面的な使命の達成度と信頼性を十分には評価できない．

船舶や海洋構造物の機能システムでは一般に複合化した使命と機能を備えているが，このようなシステムを対象として，その信頼性を評価する代表的な方法について以降述べる．

複合的システムの信頼性評価法

一般に，システム構成は小さい方から，［部品］→［組立品］→［機能品］→［サブシステム］→［システム］となるから［部品レベルの故障または事故］→［サブシステムの機能への影響］→［システム使命への影響］の順にBottom-upして解析する方法として，FMEA（Failure Mode and Effect Analysis）がある．

逆に, ［システムの不具合］→［サブシステムの不具合］→［部品レベルの故障または事故］と Top-down の解析法として FTA（Fault Tree Analysis）などのツリー型分析法[1-1][1-9][1-12]がある。

　FMEA は，新たに設計されたシステムや機器のハードウェア面の持つ弱点の系統的把握と信頼性保証に有効な方法であり，部品レベルの不具合（故障）に基づくシステム全体への影響と信頼性を試作段階に入る前の事前検討するための方法である。

　人的過誤を含めた信頼性解析には機器の故障と人的過誤が同じレベルで取り扱えるために FTA のほうが適している。FTA は，基本事象の生起確率が明らかな場合には事故の発生率を定量的に予測できるが，一般に船舶に起こる事故にかかわる基本事象の生起確率はきわめて小さくあいまいなものであり，それらを用いて頂上事象の発生頻度を算出しても，実際的な信頼度を表すものとして意義が疑わしい場合もある。なお，ツリー型分析法については第2章にて詳しく説明する。

FMEA（故障モードとその影響解析）[1-13]

　この方法は，設計段階でのシステム設計が完了した時点で機器やシステムの信頼性を検討し，必要な設計変更を実施するものである。これには，設計されたシステムの全構成部品について，使用中の潜在的な故障（不具合）モードを仮定し，この不具合が上位構成品，サブシステム，最終的システムの任務達成に及ぼす影響，故障等級を検討し，信頼性上の弱点を指摘し，適切な対策案を勧告し，事故の未然防止を図ろうとするものである。この方法の特長としては，(i) ハードウェアの単一故障の解析に最適である，(ii) 構成品目のすべてについて故障の検討が可能，などの点がある。また成果としては，FMEA チャートおよび致命的品目リストを用い，設計信頼性を要求値と対比して信頼性弱点の指摘と対策案の勧告が期待できる。

　解析は以下の手順により行う。

1) 製品に生じる故障の状態を想定して故障の原因を分析し，その影響を調べて抽出する．
2) システム設計者が下記の項目からなる FMEA シートを作成する．なお，システム設計者は製品の仕様，安全基準，使用条件，使用方法などを十分理解していることが必要である．
3) 信頼性・安全性・品質管理を担う技術者が調査・審査し，故障の影響をなくすための調査法と防止法を導き出す．

――――――《FMEA シートの項目》――――――

- 機器名：要検討の機器，部品名を記入する．
- 機能：要検討の機器，部品の機能を記入する．
- 故障の状態：要検討の機器，部品の機能，性能などが失われた場合の状態を想定して記入する．
- 故障の原因：要検討の機器，部品の機能，性能などが失われる原因を想定して記入する．
- 故障の影響：故障が与える影響を記入する．
- 影響度：1.致命的，2.重大，3.限界，4.軽微，の等級分けを行う．
- 単一・致命的な故障：単独故障で装置の機能喪失の有無を記載する．
- 調査法：故障モードの検出方法として設計で対応可能な方法を記入する．
- 防止法：故障発生を防止，抑制するために必要な設計，製造，検査，運用，管理などにおける対策を記入する．
- 防止対策処置の確認：対策実施の有無を記入する．

第2章　信頼性解析と問題点への対応

　ここでは，代表的なツリー型分析法[2-1]~[2-3]である，1) 定量的分析法のフォールトツリー解析，2) 時系列的分析法のイベントツリー解析，および3) 事故に至った過程を分析するバリエーションツリー解析について説明し，その解析特性と事故の形態に応じた適応性について述べる．また，ツリー型分析法を例として，信頼性解析の内包する問題点とその対応策について考えてみる．なお，ここで述べる対応策は単なる例に過ぎず，信頼性解析の信頼性を高める必要がある問題では，問題の性格およびリスク分析の必要精度に応じた弱点補強の策を工夫して見いだし，対処することが望ましい．

2.1　フォールトツリー解析

(1) フォールトツリー解析の概要[2-1][2-2]

　フォールトツリー解析（FTA；Fault Tree Analysis）は，"船舶衝突"や"油流出"などの分析対象を頂上事象として，これを要因に分化した中間事象を経て，末端の独立した事故要因を基本事象とし，各基本事象間の因果関係を AND 結合（論理積，記号●）や OR 結合（論理和，記号∨）などの論理式を用いた階層構造（フォールトツリーと言う）とするトップダウン的な解析モデルである．

　フォールトツリー（FT）は，分析対象のシナリオをある程度想定しながら作成し，一般に解析者の経験・勘に頼ってなされることが多いために，解析者に

よってツリーが異なることがある。フォールトツリーの例として"油タンカーの荷役時における漏油事故"のフォールトツリーを図 2.1（後出）に示すが，これは 4 階の階層構造にて表されている。

頂上事象（または上部事象）の生起確率を計算するためには，基本事象（または下部事象）を x_i として，まず頂上事象に寄与しない事象の排除と演算の重複を同定法則 $(x_i \bullet x_j = x_i,\ x_i \vee x_j = x_i)$ や吸収法則 $(x_i \vee x_i \bullet x_j = x_i,\ x_i(x_i \vee x_j) = x_i)$ を用いて取り除く必要があり，これを既約化と言う。なお，記号 $\bullet$ は論理積，記号 $\vee$ は論理和を意味する。

次に，事象 x_i の生起確率を X_i とすると，論理演算の AND 結合と OR 結合を次式によって四則演算に変換して上部事象の生起確率を計算する。

$$\text{AND 結合：}\ [x_i \bullet x_j] = X_i X_j$$
$$\text{OR 結合：}\ [x_i \vee x_j] = 1 - (1 - X_i)(1 - X_j) \tag{2.1}$$

以上のように，フォールトツリー解析は事象の推移（シーケンス）を扱うことができないが，基本事象，背景要因へと掘り下げることにより頂上事象の生起確率の推定が可能である。ただし，状況別に基本事象の生起確率が変わる場合には，ある一定の分別条件のもとに分岐するシナリオを持つので，互いの独立関係を崩さない場合のみ定量的解析が可能な手法である。

フォールトツリーの作成に必要な事故要因（基本事象）の抽出は，過去の事故分析例などに基づいて解析者の経験・勘に頼ってなされることが多く，このために解析者により抽出事象が異なることがありうる。これを避けて信頼度を高めるためには，同類の事故分析を多く行って一般性を増すことが必要である。また，以降に説明するバリエーションツリー解析により得られた変動要因や事故分析の結果をもとに抽出を行う方法があり，これらの方法では主要な事故要因の漏れが少ない。

(2) 人的要因と過誤の発生

(a) 基本事象の生起確率

フォールトツリー解析において基本事象の生起確率が把握できれば，既約化による論理演算の重複を排除した構造関数から頂上事象の生起確率が推定できる。しかし，基本事象にヒューマンエラーおよび人で構成する組織の不全などの人的要因を扱う場合には，1) 基本事象が完全には独立でない事象，2) 人的要因のために発生確率の幅がきわめて大きい事象，3) きわめてまれに生起する事象，など生起確率の算定がきわめて難しい場合が多い。また，生起確率のデータを収集する場合には，事象レベルを統一することに注意すべきであるが，実際には統一することが難しい。さらに事故原因は隠される傾向にあることも事実である。

海洋事故に関しては，事故につながる基本事象の発生を頻度確率として扱えるほどデータの蓄積が無いことが多いために，実際には対象母数が大きい化学プラントや交通機関などの他分野の類似データ（文献[2-1][2-2][2-4]）を活用することが考えられる。しかし，システム計画全般にわたって知覚，判断，操作の各段階において生起する人的過誤の頻度確率はいまのところあまり明らかにされていない。

また，人的要因にはあいまいさがあり，同じオペレータが，同じ操作を行う場合であっても，ヒューマンエラーの発生確率には大きな幅が生じることが知られている。その理由として，"人間はそれなりに一意の行動をとるが，実際の場面では行為者の置かれている外部状況および内部状況に応じた行為をとること"，および"経験・個人差"が考えられる。

原子力プラントでの調査報告[2-4][2-5]において，人間の装置に対する操作ミスや認識ミスなど人的因子の頻度確率は，そのオーダーが $10^{-5} \sim 1.0$ ときわめて広範囲にわたり，そのうち頻度確率が $10^{-4} \sim 10^{-2}$ 程度の項目が多数を占めている。また，それぞれの頻度確率には環境・条件に応じて幅があり，1桁程度のばらつき幅から大きいもので2桁のばらつき幅がある。

この人的要因のあいまいさを表現するために，言語変数による尺度評価を用

いることがある。たとえば，海洋事故を対象とする場合には，船舶の運用者などに対するインタビューの結果を参考にすることが多い。その際に，日常の業務や経験などから得た事故生起の危惧に対して「きわめてよく起こる」「よく起こる」「まれに起こる」「ほとんど起こらない」などの感覚的尺度（以降"危惧度"と呼ぶ）を用いることも考えられる。具体的には，複数のベテランの作業当事者に過誤の度合いを申告させる他に，類似作業の過誤生起確率（文献[2-1][2-2][2-4]）より類推して，危惧度を推定する。

(b)【例】油タンカーの荷役時の漏油事故[2-6]

　油タンカーの荷役時にはポンプ停止ミスやバルブ操作ミスなどにより漏油事故が起こり，海面の油汚染を引き起こすことが稀には生じる。ここでは，"油タンカーの荷役時における漏油事故"を例題とし，そのフォールトツリー（FT）を図2.1に示す。

　荷役作業時における各基本事象の危惧度については，作業実務者および管理者の経験に基づく推定値を使用し，事象が「きわめてよく起こる」（ランクX），「よく起こる」（ランクA），「たまに起こる」（ランクB），「まれに起こる」（ランクC），「ごくまれに起こる」（ランクD），「ほとんど起こらない」（ランクE）と感覚的にランク付けして表し，図2.2に示すように対数軸による頻度ランクごとに意味づけする。なお，危惧度が事象の頻度を感覚的に表す言語変数であるために，Weber-Fechnerの感覚法則に従うものと考えて頻度確率の対数により危惧度を関係づけている。そのレベル区分割りは原子力プラントの信頼性に関する文献[2-4]に示された過誤生起確率データの［下限］〜［中央値］〜［上限］をグループ化して決めている。

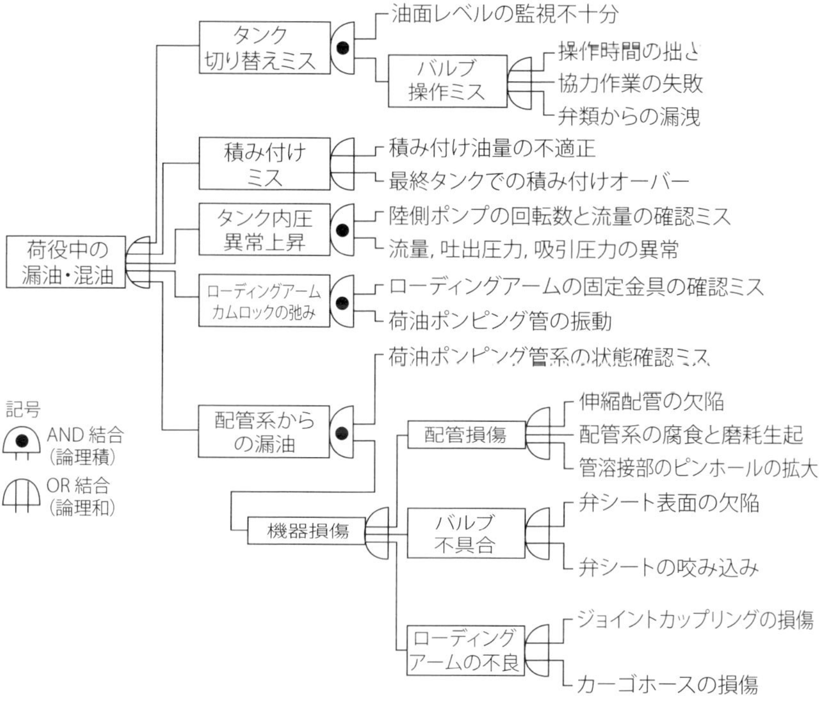

図2.1 フォールトツリーの例——荷役中の漏油・混油事故

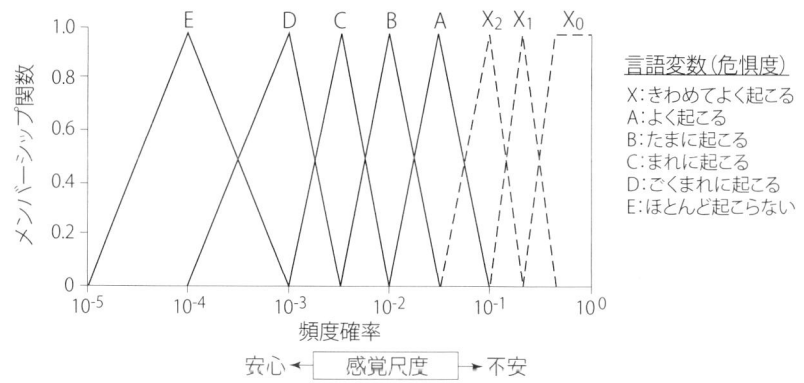

図2.2 危惧度（言語変数）と頻度確率の関係

危惧度の例として，油タンカーの荷役を a) 従来型の機側操作方式，b) 遠隔操作・集中監視（リモコン）方式，および c) 荷役自動化システムにより行う場合について，荷役の危惧度を作業者へのインタビューなどから表 2.1 に示すように推定する。これと図 2.1 のフォールトツリーに基づき求めた荷役時の漏油事故の生起確率は図 2.3 のようになり，荷役自動化の漏油事故防止に対する効果が示されている。なお，危惧度による論理演算のやり方については 2.4 (2) (a) において説明する。

このように，フォールトツリー解析は頂上事象を構成する基本事象間の構造が把握しやすく，事故の最大原因を抽出できるために事故防止対策を策定しやすい。

表 2.1 荷役中の漏油・混油事故における基本事象の生起確率

基 本 事 象	危 惧 度		
	機側操作	遠隔操作	荷役自動化
油面レベルの監視不十分	B	D	E
操作時間の拙さ	C	D	E
協力作業の失敗	C	D	E
弁類からの漏洩	C	D	E
積み付け油量の不適正	C	D	D
最終タンクでの積み付けオーバー	B	C	E
陸側ポンプの回転数と流量の確認ミス	C	D	D
流量，吐出圧力，吸引圧力の異常	B	C	D
ローディングアームの固定金具の確認ミス	C	C	C
荷油ポンピング管の振動	A	A	A
荷油ポンピング管系の状態確認ミス	C	D	D
伸縮配管の欠陥	D	D	D
配管系の腐食と磨耗生起	C	C	C
管溶接部のピンホールの拡大	D	D	D
弁シート表面の欠陥	C	C	C
弁シートの咬み込み	C	C	C
ジョイントカップリングの損傷	D	D	D
カーゴホースの損傷	D	D	D

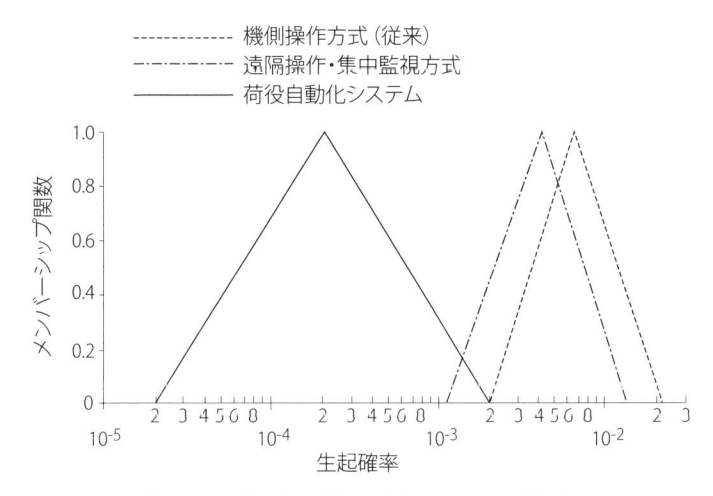

図2.3　荷役中の漏油・混油事故の生起確率

2.2　イベントツリー解析

(1) イベントツリー解析の概要

　イベントツリー解析（ETA；Event Tree Analysis）[2-1][2-2]は，一つの起因事象から始まって多くの結果へと至る過程を，イベント（事象）の推移として，関係する組織・系統，構成機器，オペレータなどがその機能を果たすかどうかの成否をバイナリ型分岐YES/NOにより表現する手法である。これは，起因（初期）事象から始まってさまざまな結果事象が生じる可能性を考える場合に用いられる。イベントツリーの例を図2.4（後出，船舶の衝突事故）に示す。

　イベントツリー（ET）は，事象推移の前後関係を時系列的記述によって，事故の典型的なシナリオを作成したものである。その分岐点の事象（ヘディング事象と言う）は何らかの機能が付与されており，各分岐点でその成否を問い，否定（NO）の場合に失敗の確率P_nが割り当てられ，反対に成功（YES）の場合は確率$1-P_n$が与えられる。結果事象の生起確率は，各分岐での成否確率P_n（分岐が成功の場合は$1-P_n$）の積で算出される。なお，ヘディング事象の抽

出やツリー構成には過去の事故分析例などを踏まえ，解析者の経験・勘に頼ってなされることが多い。

したがってイベントツリー解析手法は，複数の起因事象が関係する事故については記述できない。ただし，状況別に基本事象の生起確率が変わる場合には，ある一定条件下の分岐シナリオを用いて，定量的な対策と評価が可能な手法である。

イベントツリー解析におけるヘディング事象の抽出は，前述のように，一般に過去の事故分析例などに基づいてなされることが多く，解析者により抽出事象が異なることもありうる。これを避けるためには，次に述べるバリエーションツリー解析により得られた変動要因と分析結果をもとにヘディング事象の抽出を行うことにより，主要な事故要因の漏れが少なくなる。ただし，このためには多くの同類の事故分析が必要となる。

（2）【例】船舶の静止物への衝突[2-7]

海洋事故へのETAの適用例として，「静止対象物への衝突」を表したイベントツリーを図2.4に示す。ここでは，「対象物の知覚」「回避行動の判断」「操船

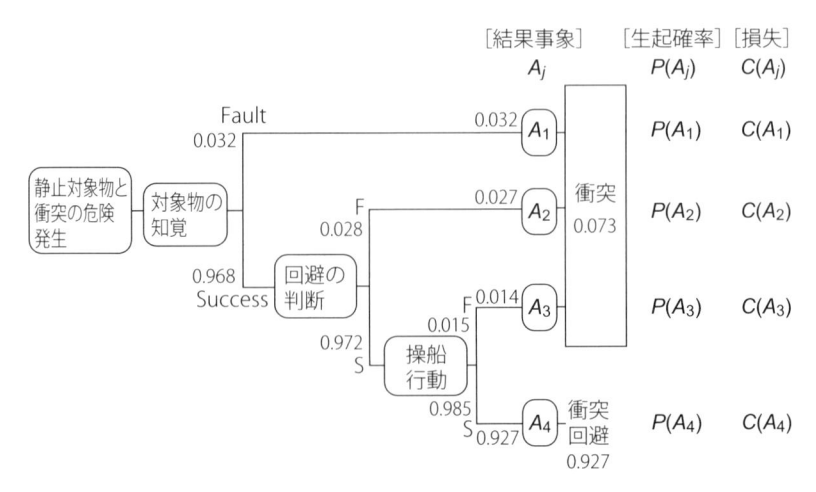

図2.4　イベントツリーの例——静止対象物への船舶の衝突事故

行動」という3つのヘディング事象を経て、「衝突回避」または「衝突」という結果事象に至るシナリオをもとにイベントツリーを作成している。なお、各ヘディング事象の成否確率については、原子力プラントの安全にかかわる基本作業のエラー確率を示したNURER/CR-1278 (1983)[2-4]のデータをもとにFTAによって求めた。

ETAにおいては、「起因事象」からいくつかの「ヘディング事象」を経て「結果事象」へ至る事象の流れ（シナリオ）を的確に記述することが重要であり、「ヘディング事象」の抽出には後述のバリエーションツリー解析を用いた。

イベントツリー（ET）を用いた解析では、得られたヘディング事象をもとに、起因事象から結果事象へと進展するイベントツリーを構築する。各ヘディング事象の成否確率の推定には、FTAの手法を用いて、最終的な事故の発生確率を推定することができる。ETAとFTAのどちらの場合でも最終的には対象とする事故事象の持つリスクを推定・評価し、リスクが小さければ安全性評価を終了する。リスクが許容できないレベルにあれば、安全対策を策定してその効果を検証することになる。

2.3 バリエーションツリー解析

(1) バリエーションツリー解析の概要[2-8][2-10]

バリエーションツリー解析（VTA；Variation Tree Analysis）は推定的な要因を含めずに確定事実のみを分析対象とする定性的な事後分析手法である。この解析法では、通常どおりに事態が進行すれば事故は発生しないとする観点から、通常から逸脱した行動、判断、状態などの変動要因が事故発生に関与したと考え、変動要因の連鎖を時間軸に沿って詳細に記述することによって事故防止対策を策定する。

しかし、記述できるシナリオは限定的（一本道）であり、事故の生起確率の算出などの定量的な評価はできない。現在、バリエーションツリーは建設業の労働災害分析、交通事故の人的要因分析などの幅広い分野で用いられており、適用

に当たっては，それぞれの分野に即して手法のさまざまな改良が行われている。

　ただし，バリエーションツリーを作成するには，事故に至るまでの経過を知る必要がある。たとえば，海洋事故防止のためのリスク評価には，海難審判の裁決録に記載の事故経過などにこの手法を適用することによって有効に活用できる。

(2) 海洋事故におけるバリエーションツリー

(a) バリエーションツリーの構造

　船舶の衝突事故を例（事故の詳細は後述）としてバリエーションツリーを示すと図2.5（後出）のようになり，中央の"ツリー部"と"欄外"に分割される。船舶の挙動，操船者の行動を表すのは四角のシンボルであり，操船者の認知・判断と心身状態は角取りした四角，操船者に影響を及ぼす環境要因は縦線を加えた四角，および実施されなかった行動は破線の四角のシンボルで記述する。ツリー部には，事故に至る一連の認知（知覚），判断，操作とその結果の状態が，事故に関与した該当者ごとに下から上に向かって時系列的に記述され，事故に至るまでの様相が表される。欄外は，ツリー部の左側が経過時間を示す"時間軸"であり，右側の欄は変動要因の補足説明が記される"説明欄"である。さらにツリーの下部は，たとえば衝突事故であれば，年齢，性別，経験などの操船者の属性，トン数などの船舶の要目，環境，天候，時刻などの環境条件が記述される"前提条件欄"である。

　事故発生の経緯をできる限り詳細に再現したツリーを作成することにより，通常から逸脱した変動要因を抽出して，太線で囲んだ行動シンボルを用いて特定し，通常の行動シンボルと区別する。

(b) 事故防止対策の策定

　このツリーを用いて，以下の2つの視点から事故防止のための対策箇所を検討する。

1) 排除ノード：変動要因の発生を防ぐことで事故への連鎖を断ち切るために排除すべき節点。なお，排除ノードの箇所は該当する変動要因の右肩に丸印を付けて示す。
2) ブレイク：変動要因が発生してもその影響を何らかの手段で断ち切ることで事故を防止する箇所であり，結果的には次のステップの排除ノードに相当する。ブレイクはシンボルとシンボルの間に点線を引いて示す。

このように，変動要因を時間経過に沿って記述することで，不具合の発生経緯をわかりやすく示すことができ，変動要因の連鎖を断ち切ることで事故防止のための対策を施すことができる。

この方法は，実際の事故の推移に沿ったシナリオツリー型の解析により，どの段階で人的過誤が起こったかを時間に沿って明確に記述でき，事故要因である複数の背景要因すなわち基本事象やヘディング事象の抽出にはきわめて有効である。ただし，複数の事故要因を持つ構造は表現するのが難しい面があり，また一つの因子が持つ複数の事故結果の可能性を記述できない。

(c)【例】船舶の衝突事故（日鋼丸〜雄端丸の衝突）

例として，平成8年10月29日に瀬戸内海伊予灘西航路で起きた"日鋼丸（RO/RO船，499総トン）"と"雄端丸（鋼材運搬船，5930総トン）"の衝突事故[2-11]について扱う。この事故は海難審判庁裁決録[2-11]によると，雄端丸は相手船の初認後も針路保持船のために針路，速力（20.8ノット）を変えずに直進し，日鋼丸は周囲の漁船に気をとられ雄端丸の視認が遅れて避航が間に合わずに起きている。

この事故についてVTAを行った結果は図2.5の通りであり[2-9]，これには両船における衝突までの船内の様子や操船者の行動なども合わせて記している。また，衝突までの両船の動きを図2.6に示す。この例は全体的な操船行動の遅れによる事故のため，明確なブレイクは示せないが，これらの排除ノードと前後の事象などによりフォールトツリー解析の中間事象を抽出し，行動の背景や環境と合わせてさらに分析して基本事象を定めることができる。

[時間軸]　　　　　　　　　　　　　　　　　　　　[説明欄]

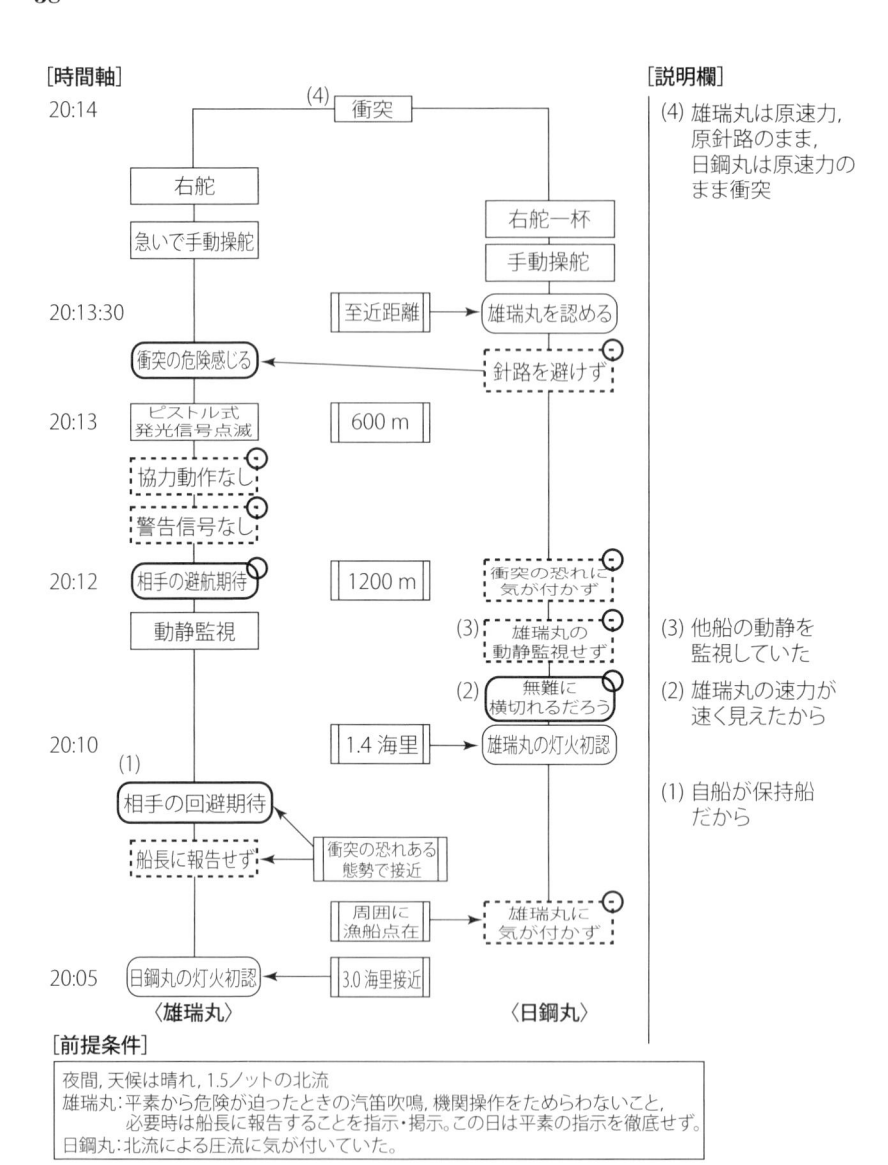

20:14 ─────────(4) 衝突──────────┐　　(4) 雄瑞丸は原速力,
　　　　　　│　　　　　　　　　　　　　│　　　　　 原針路のまま,
　　　　　┌─┴─┐　　　　　　　　　　　│　　　　　 日鋼丸は原速力の
　　　　　│右舵│　　　　　　　 ┌──┴──┐　　　　まま衝突
　　　　　└─┬─┘　　　　　　　 │右舵一杯│
　　　　┌──┴──┐　　　　　　　└──┬──┘
　　　　│急いで手動操舵│　　　　　　　┌──┴──┐
　　　　└──┬──┘　　　　　　　　　　│手動操舵│
　　　　　　│　　　　　　　　　　　　└──┬──┘
20:13:30　　│　　　　　┌────┐　　　┌──┴──┐
　　　　　　│　　　　　│至近距離│→│雄瑞丸を認める│
　　　　　　│　　　　　└────┘　　　└──┬──┘
　　　　┌──┴──┐　　　　　　　　　　　　┌──┴──┐
　　　　│衝突の危険感じる│←──────│針路を避けず│ ⊖
　　　　└──┬──┘　　　　　　　　　　　　└─────┘
20:13　┌──┴──┐　　　┌────┐
　　　　│ピストル式　│　　　│ 600 m │
　　　　│発光信号点滅│　　　└────┘
　　　　└──┬──┘
　　　　┌──┴──┐ ⊖
　　　　│協力動作なし│
　　　　└──┬──┘
　　　　┌──┴──┐ ⊖
　　　　│警告信号なし│
　　　　└──┬──┘
20:12　┌──┴──┐　　　┌────┐　　　┌──────┐ ⊖
　　　　│相手の避航期待│ ⊖　│ 1200 m │　　│衝突の恐れに　│
　　　　└──┬──┘　　　└────┘　　　│気が付かず　│
　　　　┌──┴──┐　　　　　　　(3)　　　└──┬──┘　　(3) 他船の動静を
　　　　│動静監視│　　　　　　　　　　　　　┌──┴──┐　　　 監視していた
　　　　└──┬──┘　　　　　　　　　　　　│雄瑞丸の　│
　　　　　　│　　　　　　　　　　　　　　　│動静監視せず│
　　　　　　│　　　　　　　　　　　　　　　└──┬──┘
　　　　　　│　　　　　　　　　 (2)　　　　　┌──┴──┐　　(2) 雄瑞丸の速力が
　　　　　　│　　　　　　　　　　　　　　　　│無難に　　│　　　 速く見えたから
　　　　　　│　　　　　　　　　　　　　　　　│横切れるだろう│
20:10　　　│　　　　　　　┌────┐　　　└──┬──┘
　　　　　　│　　(1)　　　│1.4 海里│→┌──┴──┐
　　　　┌──┴──┐　　　　└────┘　　│雄瑞丸の灯火初認│　(1) 自船が保持船
　　　　│相手の回避期待│←─┐　　　　　　　　　└─────┘　　　 だから
　　　　└──┬──┘　　　│
　　　　┌──┴──┐　　┌─┴────┐
　　　　│船長に報告せず│　│衝突の恐れある│
　　　　└──┬──┘　　　│態勢で接近　│
　　　　　　│　　　　　　　└──────┘
　　　　　　│　　　　　　　┌────┐　　　┌──────┐ ⊖
　　　　　　│　　　　　　　│周囲に　│　　　│雄瑞丸に　　│
　　　　　　│　　　　　　　│漁船点在│　　　│気が付かず　│
　　　　　　│　　　　　　　└────┘　　　└──┬──┘
20:05　　　│　　　　　　　┌────┐　　　　　　│
　　　　┌──┴──┐　　　│3.0 海里接近│→　　　│
　　　　│日鋼丸の灯火初認│←└────┘　　　　　│
　　　　└─────┘　　　　　　　　　　　　　　│
　　　　〈雄瑞丸〉　　　　　　　　　　　　　〈日鋼丸〉

[前提条件]
夜間, 天候は晴れ, 1.5ノットの北流
雄瑞丸:平素から危険が迫ったときの汽笛吹鳴, 機関操作をためらわないこと,
　　　　必要時は船長に報告することを指示・掲示。この日は平素の指示を徹底せず。
日鋼丸:北流による圧流に気が付いていた。

図2.5　バリエーションツリーの解析例──船舶衝突事故

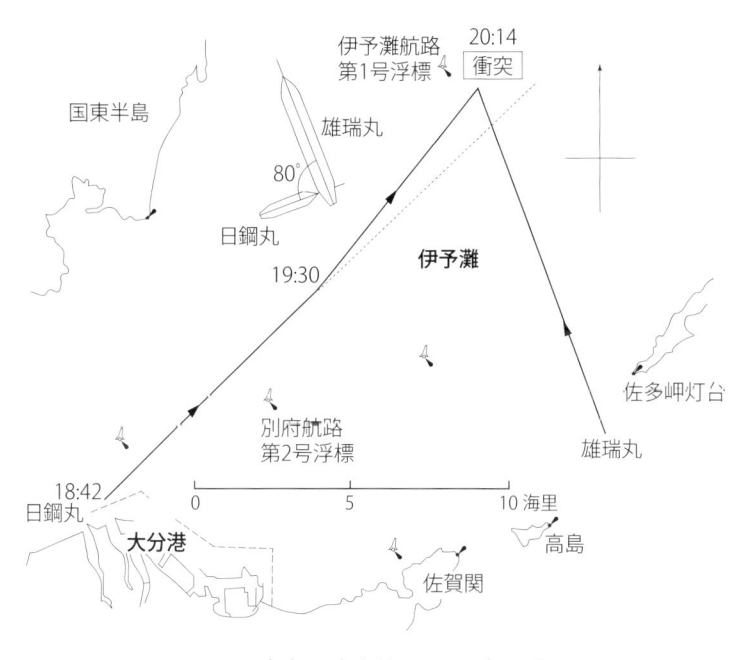

図2.6　船舶衝突事故までの両船の動き

　対象となる事故に対して，最初にバリエーションツリー解析（VTA）を行うことにより，フォールトツリー解析（FTA）のための基本要因およびイベントツリー解析（ETA）に用いるヘディング事象の抽出ができ，さらに事故防止の対策候補を選出してリストアップすることができる．

2.4　ツリー型分析法の問題点と対応策

(1) 事故要因（基本事象・ヘディング事象）の抽出

　フォールトツリーの作成に必要な事故要因（基本事象）およびイベントツリー解析におけるヘディング事象の抽出は，過去の事故分析例などに基づいて解析者の経験・勘に頼ってなされることが多く，このために解析者により抽出事象が異なることがありうる．この信頼度を高めるためには，バリエーションツリー

解析により得られた変動要因や事故分析の結果をもとに抽出を行う方法があり，主要な事故要因の漏れが少ない。

(a) フォールトツリー解析

フォールトツリーの作成にはAND結合/OR結合や条件付き結合で表現できない論理結合がありうる。この解決法としては，電気回路のようにFlip/Flop回路などのような複雑機能を持つ結合を用いることも考えられるが，これでは基本事象と頂上事象（事故）の因果関係について単純形のツリーの持つ見通し良さが失われ，さらに頂上事象の生起確率の算出が難しくなる恐れがある。

また，AND結合かOR結合の二者択一は解析者の経験・勘に依存するが，この選択により頂上事象の生起確率が大きく異なるために注意を要する。これらの結合は，論理学上の命題論理（真理関数の理論）によるものであり，真理表の利用や消去法，背理消去法の活用などで決めることもできる。

(b) イベントツリー解析

イベント推移をバイナリ型分岐YES/NOのみで表現するには限界があるが，一般には比較的簡単な考察によるイベントツリー解析により起因事象から結果事象までの過程および状態確率を表すことができる。ただし，海洋事故では刻々と状態が変化する場合が多く，これには経時変化を考慮した分析が望まれる。

時間の経過に伴う確率的推移は，前段階の事象の影響を受けない場合にはマルコフ過程[2-12]によって，そのヘディング事象に関する存在確率および累積確率の時間的変化を算定できる。一方，各段階の影響を引きずる場合には後述の従属変数や回復係数を考慮する必要がある。

(2) 基本/ヘディング事象の生起/分岐確率

(a) 危惧度による発生確率の計算

基本事象の生起確率を頻度確率として，ある程度把握しているのであれば，その確率を用いるほうが望ましいが，基本事象の生起確率の決定が難しい場合には，前述のように，感覚尺度としての危惧度を用いて計算するのも一方法[2-13]である．

基本事象の生起確率を x_i とし，生起の状態を1または0とすると，フォールトツリーより頂上事象の生起の状態は，x_i を論理式により結合した構造関数 $\phi(x)$ によって表すことができる．たとえば，図2.7の中の"工事足場からの転落事故"を頂上事象とする構造関数は次式となる．

$$\phi(x) = (x_4 \vee (x_3 \bullet (x_1 \vee x_2))) \bullet x_5 \quad (2.2)$$

ここに，記号"●"はAND結合を表し，記号"∨"はOR結合を表す．したがって，構造関数 $\phi(x)$ の値が1か0かにより，頂上事象の生起の可否がわかる．

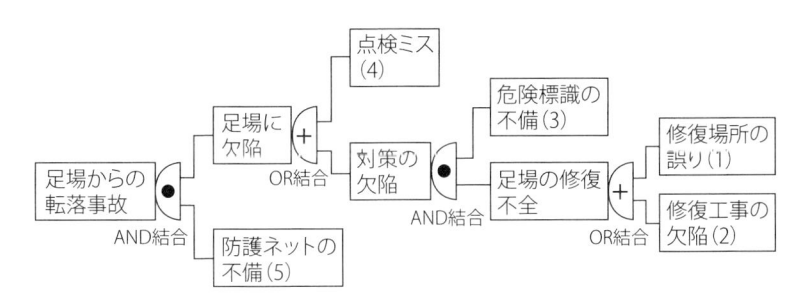

図2.7 工事足場からの転落事故のフォールトツリー

構造関数から頂上事象の生起確率を算出するには，前述のように，重複した基本事象の影響を除くために構造関数を同定法則および吸収法則を適用して既約化した後に，基本（下部）事象の生起確率を与え(2.1)式より計算する[2-1]．なお，危惧度により頂上事象の生起確率を推定するには，危惧度があいまい量であるために次の方法を用いる．

n個の基本事象x_iに対し危惧度を$\tilde{a}_i$とすると，直積集合$\tilde{D}$およびそのメンバーシップ関数$\mu_{\tilde{D}}$を以下のように定義する。なお，記号〜はあいまい量を意味する。また，直積集合とは，集合の集まり（集合族）に対し各集合から一つずつ元を取り出して組にしたものを元として持つ新たな集合のことである。

$$\tilde{D} = \tilde{a}_1 \times \tilde{a}_2 \times \cdots \times \tilde{a}_n \tag{2.3}$$

$$\mu_{\tilde{D}} = \mu_{\tilde{a}_1 \times \tilde{a}_2 \times \cdots \times \tilde{a}_n} = \mu_{\tilde{a}_1} \wedge \mu_{\tilde{a}_2} \wedge \cdots \wedge \mu_{\tilde{a}_n} \tag{2.4}$$

ただし，$\wedge$は連言（and）記号であり，minimum演算子として作用する。

ここで，各基本事象の危惧度を危惧度ベクトル$\tilde{\mathbf{a}}$として$\tilde{\mathbf{a}} = \{\tilde{a}_1, \tilde{a}_2, \cdots, \tilde{a}_n\}$のように置く。フォールトツリーの構造関数を$\tilde{\phi}(x)$とし，これに$\tilde{\mathbf{a}}$を代入し，直積集合$D$内で既約化し重複を排除すると，頂上事象のメンバーシップ関数$\mu_{\tilde{\phi}(a)}$が計算できる。なお，計算に際しては$\tilde{\mathbf{a}}$をα-レベル集合（縦軸にメンバーシップ関数$\mu_{\tilde{\phi}(a)}$の値を与えて，横軸の集合x_i値を計算する）により離散化する。

(b) 確率では表しにくい現象—パニック状態

強い外部環境ストレスを受けるオペレータは思考・行動能力が低下し，これにより事故の発生率も上昇する。また，危機的状況の場合にはオペレータがパニック（思考遮断）状態になることもありえ，事象生起を確率では表しにくいことも起こる。したがって，この危機時の心理情報処理に基づく思考・行動能力の低下を推定し，これに対応した事故回避対策の策定を行うことが必要であり，これには個人の心理情報処理過程のモデル化が不可欠である。なお，パニック状態が起こるような危機時の心理情報処理過程については第3章にて詳述する。

2.5 時系列的推移における従属変数と回復係数

(1) 事象間の従属関係と生起確率

一般的にイベントツリー解析では，同じ内容のヘディング事象の成否確率はどの分岐においても同じ値を与えて計算されるが，状況が多様に変化したり，

前過程の事象の影響を引きずる場合についてはETAを拡張し，ヘディング事象の前後関係を考慮した従属変数や後述の回復係数を用いて[2-3]生起確率を推定[2-7]できる．

　イベントツリー（ET）は，ツリーの前提となる「起因事象」と「前段階までのヘディングの成否状態」で成るが，状況を変化させる要因としては後者を考慮する．イベントツリーにおいて着目するn番目のヘディング事象H_nについて，他からの影響がまったくない状態でのエラー発生確率を基本エラー確率$P_{\text{Base}}(H_n)$とし，先行事象の失敗の影響によって増加した分を増加エラー確率$P_{\text{Add}}(H_n)$と定義する．すると，先行事象失敗の影響を受けた事象H_nの失敗確率である従属確率$P_S(H_n)$は次のように表される．

$$P_S(H_n) = P_{\text{Base}}(H_n) + P_{\text{Add}}(H_n) \tag{2.5}$$

このときの増加エラー確率$P_{\text{Add}}(H_n)$は次式で定義される．

$$P_{\text{Add}}(H_n) = [1 - P_{\text{Base}}(H_n)] \cdot d \tag{2.6}$$

ここで，dは従属影響の強さを表す変数で$d \leq 1$の正の数として与え，$d = 1$のときは完全従属であり，dが減少するにつれて先行作業の失敗の影響は少なくなる．この従属影響と従属変数dの関係をSwainのDependence Model[2-1][2-3]を参考にして表2.2のように定める．したがって，先行事象の失敗による影響下でのエラー確率$P_S(H_n)$は(2.5)，(2.6)式より次式となる．

$$P_S(H_n) = (1 - d)P_{\text{Base}}(H_n) + d \tag{2.7}$$

　先行事象の及ぼす影響の強さを表す従属変数と失敗確率の関係を，$P_{\text{Base}}(H_n)$が0.2の場合について，図2.8（後出）に示す．

表 2.2　従属状態と従属変数・確率の関係

従属変数 d の値 (1/d)	従属状態	従属確率 $P_S(H_n)$
1	完全従属 (CD)	1
1/2	高い従属性 (HD)	$(1+P_{\text{Base}}(H_n))/2$
1/7	中程度の従属性 (MD)	$(1+7\times P_{\text{Base}}(H_n))/6$
1/12	わずかな従属性 (SD)	$(1+11\times P_{\text{Base}}(H_n))/12$
1/20	低い従属性 (LD)	$(1+19\times P_{\text{Base}}(H_n))/20$
0	独立的	$P_{\text{Base}}(H_n)$
—	無関係	0

(2) 従属影響からの回復と成否確率

　増加エラー確率 $P_{\text{Add}}(H_n)$ は，i 番目のヘディング事象 H_i での失敗が後に続く n 番目のヘディング事象 H_n の失敗確率を増加させる量であるが，H_i における失敗の影響は事象が推移するにつれ減少すると考えられる。これを考慮して回復係数 C_r を導入し，H_i での失敗の影響が n 番目ヘディングで回復する割合を $C_r(H_{n,i})$ と表す。

　以上より，n 番目のヘディング事象 H_n が複数の先行事象 $H_1 \sim H_{n-1}$ の影響下にあるとするとき，ヘディング事象 H_n が失敗する確率 $P_S^*(H_n)$ は次式によって与えられる。

$$P_S^*(H_n) = P_{\text{Base}}(H_n) + \sum_{i-1}^{n-1} P_{\text{Add}}(H_{n,i}) \cdot [1 - C_r(H_{n,i})] \quad (2.8)$$

　例として，回復係数 C_r が 0.3 または 0.6 であり，基本エラー確率 $P_{\text{Base}}(H_n)$ が 0.2 の場合における従属変数 d と失敗確率 $P_S^*(H_n)$ の関係を示すと，図 2.8 のようになる。

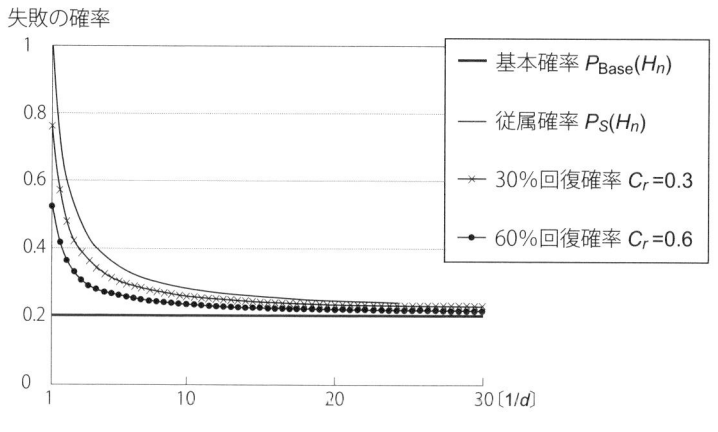

図2.8　従属変数と失敗確率の関係（回復係数による変化）

（3）適応例——乗り揚げ事故

（a）乗り揚げ事故の安全解析

　船舶の乗り揚げ事故は海洋事故全体の3〜4割を占めており，船舶同士の衝突事故と並んで発生件数が非常に多い事故[2-14][2-15]であり，人的過誤の発生形態が衝突事故と共通する部分が多い．乗り揚げ事故の一例として，その事故に至るまでの推移に対してバリエーションツリー解析（VTA）を適用した結果を図2.9に示す[2-7]．

　平成9〜13年の海難審判庁の記録[2-16]から，船舶の乗り揚げ事故の主な事例62件を選んでバリエーションツリー解析を行い，その結果より状況推移の分岐点として，"水路調査（H_1）"（17％），"居眠り（H_2）"（39％），"船位確認（H_3）"（26％），"針路選定（H_4）"（10％），"操船（H_5）"（5％），の5つの事象を選び出し，この5項目をヘディング事象とするイベントツリー（ET）を作成した．

[時間軸]　　　　　　　　　　　　　　　　　　　　　　　　　[説明欄]

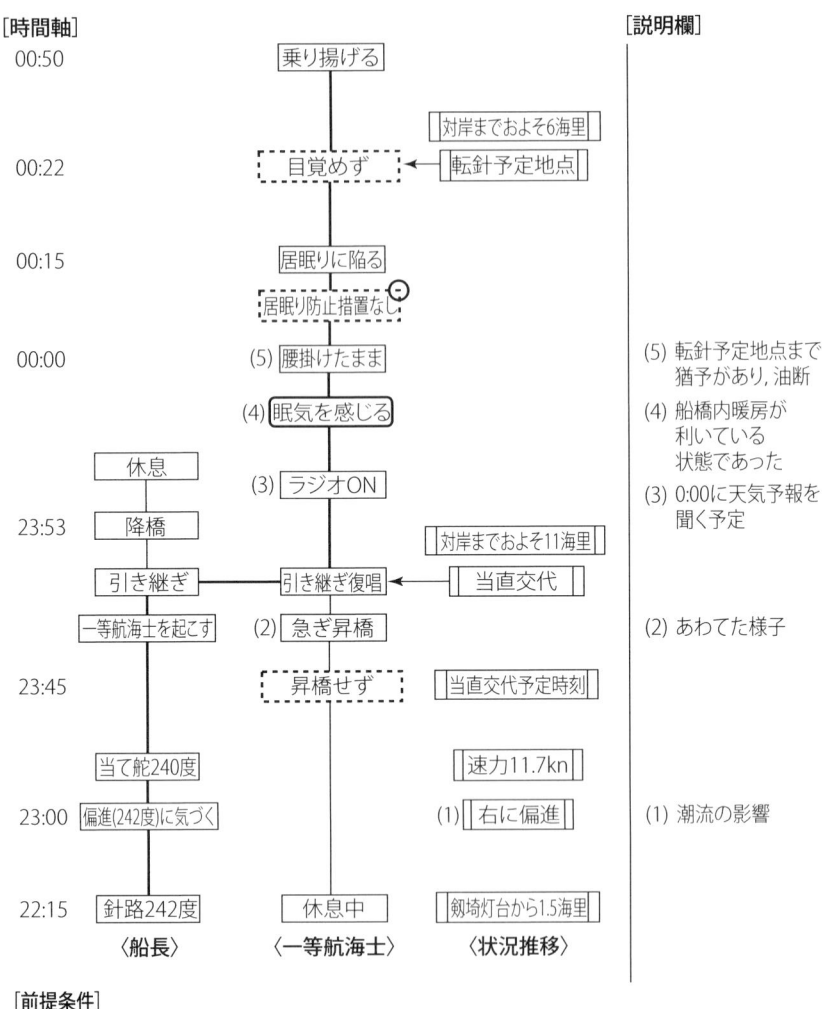

00:50　　　　　　　　乗り揚げる

　　　　　　　　　　　　　　　　　　対岸までおよそ6海里
00:22　　　　　　　　目覚めず　←　転針予定地点

00:15　　　　　　　　居眠りに陥る
　　　　　　　　　　居眠り防止措置なし

00:00　　　　　　　(5) 腰掛けたまま　　　　　　　　(5) 転針予定地点まで
　　　　　　　　　　　　　　　　　　　　　　　　　　　　猶予があり，油断
　　　　　　　　　　(4) 眠気を感じる　　　　　　　　(4) 船橋内暖房が
　　　　　　　　　　　　　　　　　　　　　　　　　　　　利いている
　　　　　休息　　　(3) ラジオON　　　　　　　　　　　状態であった
23:53　　　降橋　　　　　　　　　　　　　　　　　　(3) 0:00に天気予報を
　　　　　　　　　　　　　　　　　　対岸までおよそ11海里　聞く予定
　　　　引き継ぎ　　　引き継ぎ復唱　←　当直交代

　　　一等航海士を起こす　(2) 急ぎ昇橋　　　　　　　(2) あわてた様子
23:45　　　　　　　　昇橋せず　　当直交代予定時刻

　　　　当て舵240度　　　　　　　速力11.7kn
23:00　偏進(242度)に気づく　(1)　右に偏進　　　　　(1) 潮流の影響

22:15　　　針路242度　　　休息中　　劔埼灯台から1.5海里
　　　　　〈船長〉　　　〈一等航海士〉　〈状況推移〉

[前提条件]

天候曇り　西南西の風4　当直は単独4時間3直制，一等航海士は当直のまえ休息が与えられていた。
[主因]　居眠り運航の防止措置不十分
[損害]　船首部から中央部にかけての船底外板に破口を生じ，船首水倉，船倉に
　　　　浸水し，後に引き下ろされ，廃船

図2.9　乗り揚げ事故のバリエーションツリー

イベントツリー（ET）の構造と従属変数

　イベントツリーの起因事象として「単独当直での沿岸部の航行」を想定し，結果事象として「乗り揚げ事故の発生」を考える。この事故の推移を表現したイベントツリーを図2.10に示す。

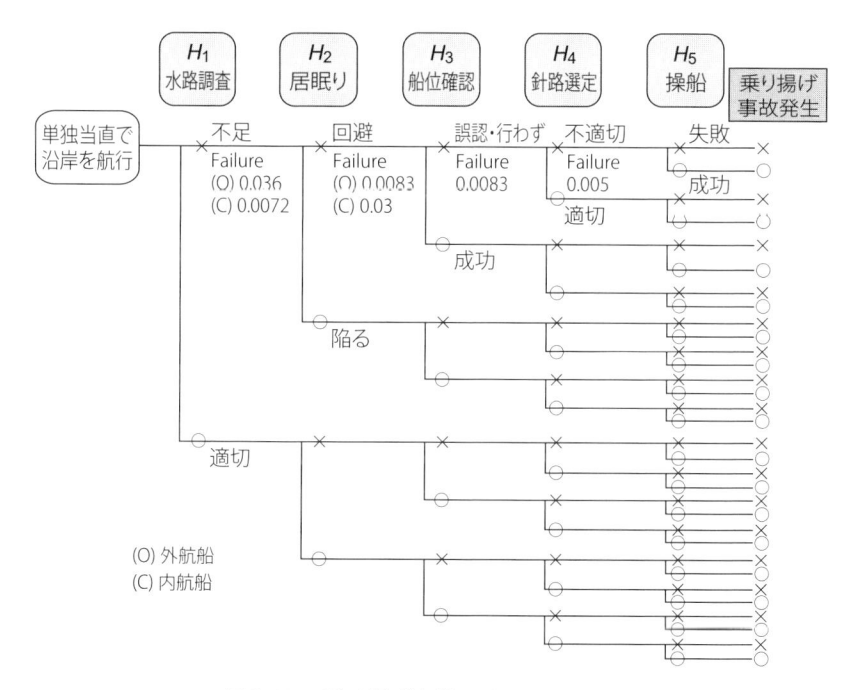

```
         H₁          H₂          H₃          H₄          H₅
       水路調査      居眠り      船位確認    針路選定     操船     乗り揚げ
                                                                事故発生
単独当直で   不足        回避        誤認・行わず   不適切      失敗
沿岸を航行  Failure    Failure     Failure     Failure
         (O) 0.036  (O) 0.0083   Failure     0.005
         (C) 0.0072 (C) 0.03     0.0083              成功
                                             適切
                                 成功

                     陥る

            適切

   (O) 外航船
   (C) 内航船
```

図2.10　乗り揚げ事故のイベントツリー

　イベントツリーの各ヘディング事象の分岐において，その事象の成否確率を与えるが，ここでは一つのヘディング事象の成否が後続のヘディング事象の成否に影響を与える従属関係を考慮する。これには，事故事例のVTAをもとに先行事象の失敗から各ヘディング間の事象が受ける影響度を以下のように判断し，表2.3のように推定した。

- 水路調査（H_1）に関しては，水路調査が不十分で水深などに関する情報が正しく得られていない場合には，適切な針路選定（H_4）に影響があり，

また船位確認（H_3）にも影響が考えられるので，それぞれMD（中程度の従属性）とSD（わずかな従属性）の従属影響を与える。

- 居眠り（H_2）に関しては，いったん居眠りの状態に陥ると，その後のヘディング事象を成功させることは不可能となるので，CD（完全従属）の従属影響を与える。
- 船位確認（H_3）に関しては，自船の位置を誤って認識すると針路の選定に影響があり，操船の難易度も高くなるので，MDの従属影響を与える。
- 針路選定（H_4）に関しては，不適切な針路を選定した場合には，結果として危険な水域を通過することになって操船の難易度に影響が出るので，MDの従属影響を与える。

表2.3に表2.2の値を用いると，各ヘディングの従属変数 d は表2.3の括弧内の値のようになる。

表2.3　各ヘディング間の事象が受ける影響度と回復係数

影響を受ける側	影響を与える側				
	H_1 水路調査	H_2 居眠り	H_3 船位確認	H_4 針路選定	H_5 操船
H_1：水路調査					
H_2：居眠り	— [0%]				
H_3：船位確認	SD (1/2) [0%]	CD (1) [45%]			
H_4：針路選定	MD (1/7) [0%]	CD (1) [45%]	MD (1/7) [45%]		
H_5：操船	— [0%]	CD (1) [90%]	MD (1/7) [55%]	MD (1/7) [20%]	

回復係数の決定

次に，先行事象の失敗が後続のヘディング事象の成否に与える影響は事象の推移とともに減少するが，その度合いを回復係数として表す。

回復係数を正確に求めるには，海難審判の記録などの事故分析に加え，結果的には事故に至らなかった不安全行動（ヒヤリ・ハットやインシデント）のデータ[2-15]が不可欠である。しかし海洋事故のインシデント情報は収集された事例が少ないため，ここでは事故事例の分析結果をもとに人的要因を考慮して決めた表2.3の下段の［数値（％）］を用いる。

これは，以下のような根拠に基づいて回復係数を推定している。

- 水路調査（H_1）に関しては，電子海図を装備していない場合を想定し，単独当直の操船の途中に水路に関する情報を新たに得ることは困難であるとして，回復係数を0％とする。

- 居眠り（H_2）の事象は，Slipというスキルベースの行動形態に発生するエラーであり[2-3]，比較的回復の可能性が見込める。実際に起きた乗り揚げ事故の分析からも，乗り揚げ以前の段階で居眠りから回復しているにもかかわらず事故に至った事象が多く見られることから，H_3またはH_4までに45％，H_5までに90％が回復するとしている。

- 船位確認（H_3）の事象は，lapseというルールベースの行動形態にて発生するエラーであり[2-3]，操船者の勘違いや記憶違いを含んでいる分，Slipエラーに比べて回復に時間を要する。これを考慮してH_4までに45％，H_5までに55％の回復係数を与える。

- 針路の選定（H_4）の事象は，Mistakeという知識ベースの行動形態に関して発生するエラーであり[2-3]，操船者が判断ミスに気づかずに航路の選択を行っているので，自らエラーに気づいて回復するのは難しい事象とされている。実際に事故事例の解析結果を見ても，一度間違った針路を選定した場合にはそのまま乗り揚げてしまうケースがほとんどである。これを考慮してH_4までの回復係数として20％を与える。

基本エラー確率 $P_{\text{Base}}(H_n)$ の決定

着目したヘディング事象 H_n について，他事象の失敗から影響を受けない場合の固有の失敗確率 $P_{\text{Base}}(H_n)$（基本確率）を決定する必要がある。これには，各ヘディング事象が独立した行動であると見た場合のエラー確率を求めることになり，ここでは原子力プラントの安全性確保の視点から収集した NURER/CR-1278（1983）[2-4] のデータから，人間が独立した基本作業を行う際のエラー生起確率を用いて，フォールトツリー解析により決めている。得られたヘディング事象ごとの基本確率を図 2.11 のフォールトツリーの中に示す。

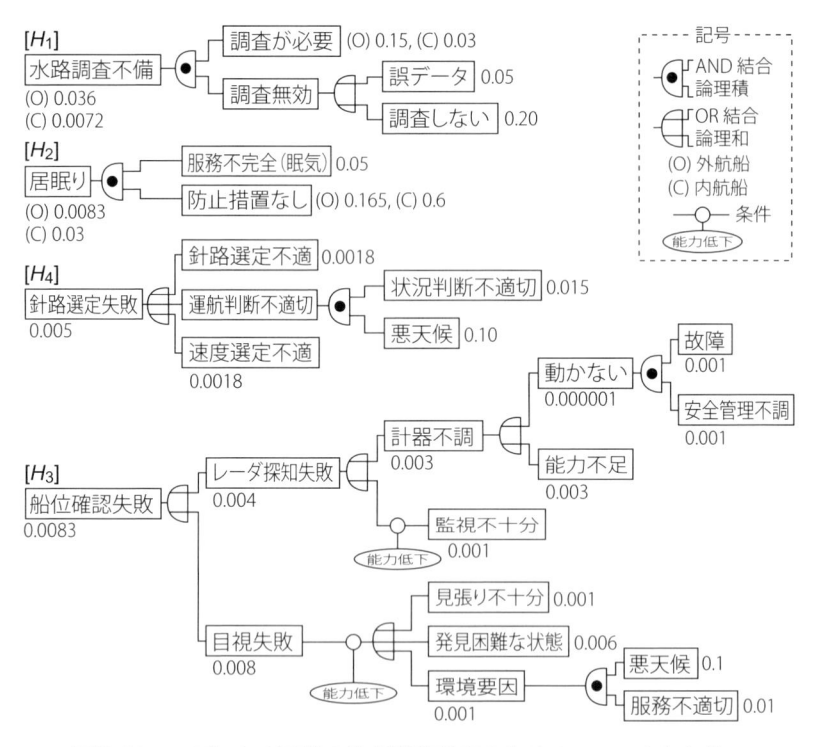

[H_1] 水路調査不備 (O) 0.036 (C) 0.0072
 ・調査が必要 (O) 0.15, (C) 0.03
 ・調査無効
  ・誤データ 0.05
  ・調査しない 0.20

[H_2] 居眠り (O) 0.0083 (C) 0.03
 ・服務不完全（眠気）0.05
 ・防止措置なし (O) 0.165, (C) 0.6

[H_4] 針路選定失敗 0.005
 ・針路選定不適 0.0018
 ・運航判断不適切
  ・状況判断不適切 0.015
  ・悪天候 0.10
 ・速度選定不適 0.0018

[H_3] 船位確認失敗 0.0083
 ・レーダ探知失敗 0.004
  ・計器不調 0.003
   ・動かない 0.000001
    ・故障 0.001
    ・安全管理不調 0.001
   ・能力不足 0.003
  ・監視不十分 0.001（能力低下）
 ・目視失敗 0.008
  ・見張り不十分 0.001
  ・発見困難な状態 0.006
  ・環境要因 0.001
   ・悪天候 0.1
   ・服務不適切 0.01
 （能力低下）

記号
―AND 結合 論理積
―OR 結合 論理和
(O) 外航船
(C) 内航船
―○― 条件（能力低下）

図 2.11　ヘディング事象の生起確率推定のためのフォールトツリー

(b) 乗り揚げ事故の生起確率推定

以上によって得られた基本エラー確率 $P_{\text{Base}}(H_n)$，従属変数 d，回復係数 C_r を (2.8) 式に用いることにより，分岐ごとのエラー確率 $P_S^*(H_n)$ を得ることができる。

乗り揚げ事故のイベントツリーは図 2.10 で表される構造となり，これより乗り揚げ事故の生起確率を求めると，i) 主に単独当直している 3000 総トン以下の船では，出入港などの乗り揚げが起こりうる一機会当たり 0.142×10^{-3} となり，ii) 3000 総トン以上の船では，複数当直による居眠り防止措置があるにもかかわらず，水路調査の必要性が高くなることにより，機会当たりの乗り揚げリスクは 0.867×10^{-3}，という結果を得ている。

2.6　リスクと評価指数

(1) 評価指数

イベントツリー解析では，起因事象からいくつかのヘディング事象を経て結果事象へと至る事象の流れを的確に記述するが，各ヘディングでの分岐を重ねるごとに事象のシーケンスが異なる複数の結果事象 A_n が得られる。ある結果事象 A_n の生起確率を P_n，A_n による損害を C_n とすると，この事象推移の持つリスク R_n は生起確率と損害の積 $R_n = P_n \bullet C_n$ によって与えられる。

事故発生へ至る過程において，各ヘディング事象の成否が事故生起に与える影響度を評価するための指数として FV 値（Fussel-Vessly 指標）[2-3] を用いる。この値は次式によって定義される。

$$\text{FV} = \frac{P_a - P_0}{P_a} \tag{2.9}$$

ここに，P_a は元のイベントツリー全体の事故発生確率，P_0 は対象ヘディングの失敗確率を 0 とした場合の事故発生確率である。

FV 値を用いることで，イベントツリー内の各ヘディング事象が対象とする事故の生起確率やツリー全体の持つリスクに与える影響を定性的に評価できる

ようになる.事故の発生や損失に及ぼすヘディング事象の影響を調べることによって,事故防止のための対策の策定やその効果を評価するのに役立てることができる.

(2)【例】乗り揚げ事故のヘディングの影響度指数

2.2節で述べた乗り揚げ事故のイベントツリーを用いて,各ヘディング事象が最終的な乗り揚げの生起確率に与えている影響をFV値によって比較すると図2.12のようになる.

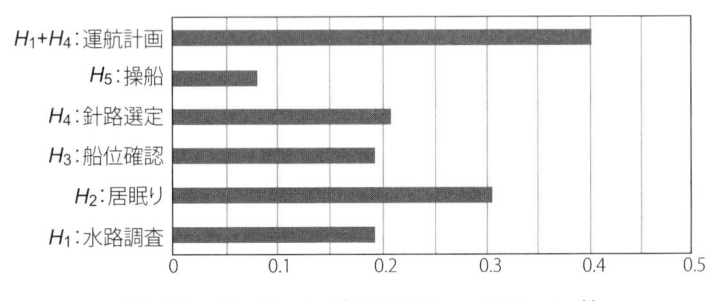

```
$H_1+H_4$:運航計画
$H_5$:操船
$H_4$:針路選定
$H_3$:船位確認
$H_2$:居眠り
$H_1$:水路調査
```

図2.12　各ヘディング事象のFussel-Vessly値

FV値は居眠り(H_2)の事象でとくに高い値を示している.このことから,単独の当直体制をとっている船舶においては,居眠り防止措置を高めることが,乗り揚げ事故を防ぐ上で重要であることがわかる.また,水路調査(H_1)と針路選定(H_4)のFV値を合わせると0.403と高い値を示すことから,適切な水路調査と針路選定を組み合わせた,適切な運航計画の策定やそれを支援する電子海図表示装置などの機器の導入も乗り揚げ事故の防止のために有効であると言える.

第3章 心理情報と緊張・パニック

　海上安全にかかわる人間–機械系システムでは，環境負荷やタスク負担などの外部ストレスによって人間の思考・行動能力が大きな影響を受けることを考慮して，システム設計を行う必要がある。たとえば，離着岸や輻輳海域での操船はタスクロードが大きいために心理的緊張感によりタスクに対する対応能力の低下が懸念され，海洋事故の発生につながるために，心理的な圧迫感排除のための装備や対応システムなどによる支援が必要である。このためには，まず強い緊張を強いられる場合の心理情報処理過程とその様態について知ることが不可欠である。

　この章では，緊張ストレス環境下における心理情報処理の推移過程を考慮して，事故生起の可能性について調べることを目的とし，まず非常時の緊張による判断・行動能力の低下および思考遮断（パニック）状態の生起を表現できる緊急時の心理情報処理プロセスを模した数理モデルについて説明する。そしてこのモデルにより，比較的頻度の高い船舶の衝突事故を対象として，外的刺激としての危機度に対応して操船者の熟練度に応じた緊張ストレスの発現と対応能力の関係を調べる。また，過去に発生した衝突事故の分析によって緊張感を表す指標を設定し，緊張度を変えてフォールトツリー解析[3-1]によって事故の発生確率を算出することにより，事故防止のための支援項目について考える。

3.1 パニック状態と心理情報処理モデル[3-2]

　船舶や航空機などの操縦者は，外部環境からの心理的圧迫や内的な心理状態の高揚などにより緊張ストレスを生じるが，緊急時にはさらに強いストレスが発生する。その際には思考・行動能力が低下して，これにより事故の発生率も上昇する。また，衝突寸前や火災時などの危機的状況の場合には，操船者や避難者がパニック（思考遮断）状態[3-3][3-4]になることもありうる。したがって，この危機時の心理情報処理に基づく思考・行動能力の低下を推定し，これに対応した事故回避策の策定を行うことが望まれる。これには個人の心理情報処理過程の数理モデル化が必要である。

(1) 危機時の心理情報処理

　火災の場合の避難時や船舶の衝突寸前などの緊急事態における心理情報処理プロセスにはいくつかの仮説が存在するが，本質的には同類と考えられ，ここでは池田モデル[3-5]を選択する。池田は危機時の心理情報処理過程を図3.1(a)の流れ図のように仮定しており，以下のプロセスで構成されている。

1) 異常が知覚されると，危機状態に対する定型的な判断パターン（理解スクリプト）が活性化され，状況の定義または再定義によって状況予期するプロセス

2) 定型的な行為スクリプトが活性化され，対応行為に対する結果と可能性が予測され，その判断に対して外的対応や内的対応を判断するプロセス

3) これにより，恐怖感を低減させるための情動コントロールと危機回避のための外部環境へのコントロールがなされる反応プロセス

4) 認知活動への制約と外界からの対応により，現状認知モニターおよび時間・知識・判断能力などの資源の効率的な配分のための制御が行われ，2)の判断プロセスにフィードバックされる。

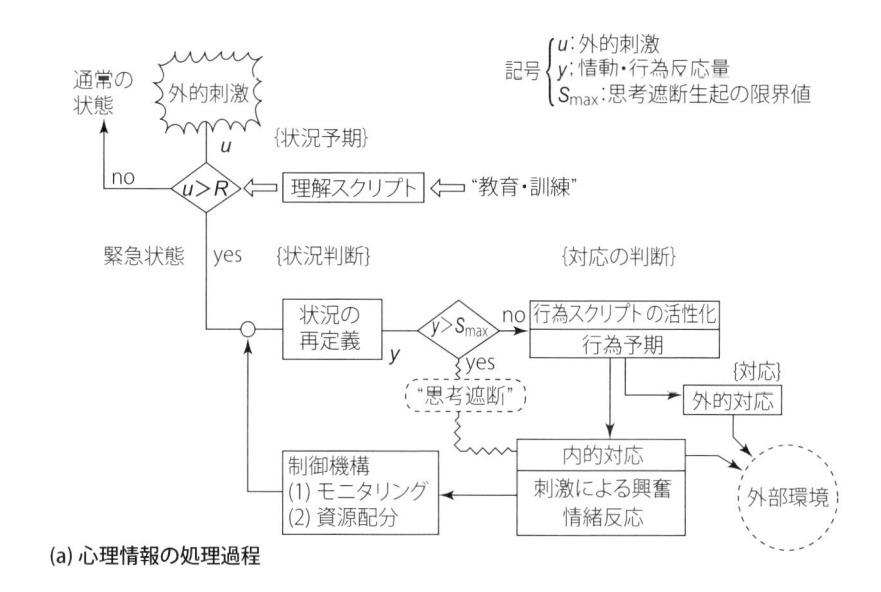

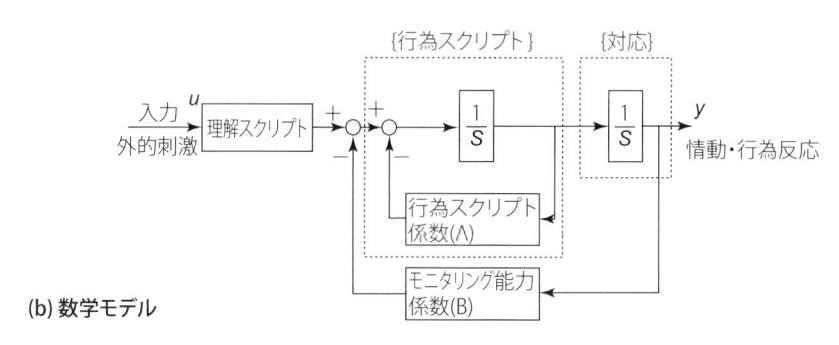

[第3章] 心理情報と緊張・パニック　55

(a) 心理情報の処理過程

記号 $\begin{cases} u:外的刺激 \\ y:情動・行為反応量 \\ S_{max}:思考遮断生起の限界値 \end{cases}$

(b) 数学モデル

図3.1　心理情報処理モデル

　ここで，スクリプトとは個人の持つ既存の知識構造であり，定型化された判断や行為のまとまりであり[3-5]，個人の経験や教育・訓練の程度によりそのレベルは決まる。
　平常時と緊急時の情報処理プロセスは基本的には同じであるが，緊急時のプロセスが平常時と大きく異なるのは，制御機構の影響がより大きくなる点である。これは主として緊急時における情報資源・時間資源の希少性に由来し，モ

ニタリングと資源配分はこの希少な資源の効率的な配分を行う役割を負っている。また緊急時においては，事態を理解したり，行動の規範となる理解スクリプトや行為スクリプトが活性化され，これらのスクリプトが知識ベースとして状況の再定義を助け，行為の選択を容易にしている。

(2) パニック状態の生起[3-6]~[3-9]

危機時の心理プロセスで問題なのは，非常時の恐怖や極度の不安にさらされてその状況予期が厳しい場合には，恐怖の情動のみ卓越して自分自身の行動判断がつかない思考遮断状態となりパニックが起こる。この場合には，いちばん際立つ情報のみに注意の範囲を限定して認知空間を極端に特化し，そのために的確な判断や対応ができずに事故を引き起こす可能性が高くなる。

そのため，心理情報処理モデルなどによりパニック状態の発生の成否を予測して，安全性評価を行う必要がある。パニック状態における人的過誤の生起は確率では表しにくい現象であり，表3.1に示す[3-1]ような大略な値を使わざるをえない。

表3.1 環境ストレス・レベルと人的過誤の生起確率の関係

	ストレスレベル	人的過誤の生起確率
熟練者	低い (Low) 緊張 適度 (Suitable) の緊張 高い (High) 緊張 　　順次的作業 　　非順次的作業 極度 (Extreme high) の緊張 パニック (Panic) 状態	HEP×2 HEP HEP×2 HEP×5 HEP×10 (0.25)
初心者	低い (Low) 緊張 適度 (Suitable) の緊張 高い (High) 緊張 　　順次的作業 　　非順次的作業 極度 (Extreme high) の緊張 パニック (Panic) 状態	HEP×2 HEP×2 HEP×4 HEP×10 HEP(N) (0.5)

注) HEP：適度の緊張 (Suitable stress) 作業の人的過誤の生起確率
　　HEP(N)：極度の緊張作業における初心者の過誤確率

なお，遮断状態の発生を回避するためには，教育や訓練などにより理解スクリプトや行為スクリプトのレベルを向上させ，対応行為への移行を容易にする必要がある．

(3) 心理情報処理モデルと解析例

心理情報処理モデルでは，事故時の恐怖感などの刺激を入力値とし，理解スクリプト，行為スクリプトを経て情動・行為の反応量として出力されるが，具体的には内的対応による思考・行動能力の低下として現れる．一方，外界からの情報をモニタリングすることによって能力低下を抑える役目をする．

図3.1(a)の主要過程を抽出してモデル化し，ブロック線図に表し，制御工学の手法に基づき数学モデルへ変換すると図3.1(b)のようになる．ここで，入力の事故刺激をu，行為スクリプト係数をA，モニタリング能力係数をB，出力は情動・行為反応量yとする．また，$1/s$は単位ステップ関数による入力データが積分されて出力することを意味する．

この数学モデルの伝達関数（心理情報の処理系の入力をラプラス変換したもの$U(s)$と，出力をラプラス変換したもの$Y(s)$の比）は次式に示すように2次系となる．

$$\frac{Y(s)}{U(s)} = \frac{C}{s^2 + As + B} \tag{3.1}$$

また，状態方程式は$\ddot{y} + A\dot{y} + By = Cu$として表される．ここに，$C$は理解スクリプトが大きく関与する定数である．行為スクリプト係数A，モニタリング能力係数Bに適当な値を与えて情報処理をステップ応答法によりシミュレートすると，オペレータなどの心理的様相が情動・行為反応量として表現可能である．

解析では出力される情動・行為反応量yがある閾値を超えると思考遮断（パニック）が起こるものと判断する．この閾値および行為スクリプト係数A，モニタリング能力係数B，定数Cなどは心理学実験の結果や過去の事故における心埋状態や行動の記録を調べて，その状態がある程度再現できるように逆解析

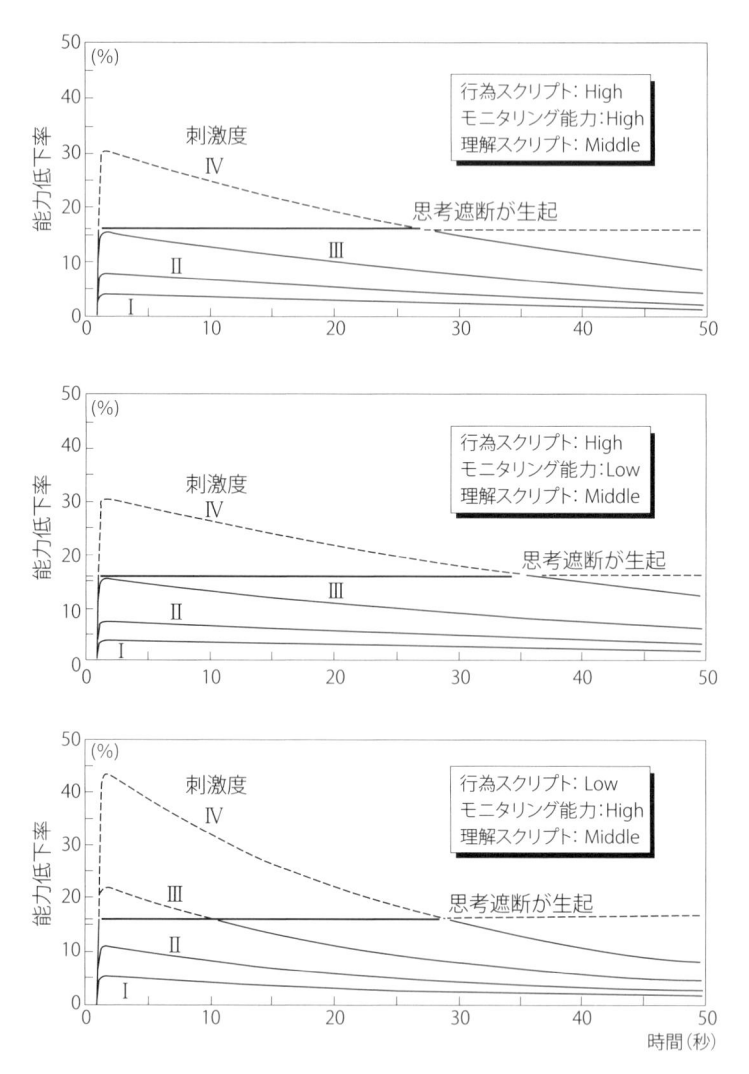

図3.2　刺激度の違いによる行動能力の低下とパニックの発生

表3.2 刺激度と心理特性の違いによるパニックの発生状況

理解スクリプト	High（高）				Middle（中）				Low（低）			
行為スクリプト	High		Low		High		Low		High		Low	
モニタリング能力	High	Low	High	Low	High	Low	High	Low	High	Low	High	Low
グレード1	N	N	N	N	N	N	N	N	N	N	N	N
グレード2	N	N	N	N	N	N	N	N	N	N	O	O
グレード3	N	N	N	N	N	N	O	O	O	O	O	O
グレード4	N	N	O	O	O	O	O	O	O	O	O	O

［記号］ N：思考遮断が起こらない，O：思考遮断が生起

を行って同定している。この各係数の同定のやり方および集めるデータの量と質により得られる解の信憑性が決まり，解析結果の精度は収集するデータの量と解析者の問題処理能力に依存することになる。

理解スクリプトを中度（Middle）で固定し，行為スクリプトとモニタリング能力の組み合わせを高度（High）と低度（Low）と変えた場合について，事故刺激のグレードの変化に対する行動能力の低下率の時間変化を図3.2に示す。さらに，表3.2にシミュレーションによる各個人特性に対する遮断現象の生起状態（"N"は発生なし，"O"は発生あり）を示す。これらによると，思考遮断発生の有無には理解スクリプトと行為スクリプトが関与しているのに対し，モニタリング能力は直接には関与せず，能力低下時間の長さのみに影響していることがわかる。なお，ここでは思考遮断生起の限界値は文献 [3-7] を参考にしている。

ただし，これらの手法をリスク評価問題に精度良く適用するためには，さらに心理学実験，海洋事故の事象分析，アンケート調査，データ収集・累積などが必要である。

(4)【例】避難シミュレーション[3-2]

　適用例として，客船（図3.3）のレストランにおいて火災が発生して煙が充満することを想定した場合について，乗客の1秒毎の移動位置を白丸で表した避難軌跡を図3.4に示す。例(a)は刺激度が低い場合および例(b)は刺激度が高い場合であるが，刺激が高く，心理特性のレベルが低い例(b)において白丸が連続して重なっており，パニックの発生による退避行動の停滞を意味している。

　図3.5に外的要因と心理的要因の影響による避難時間の違いを示すが，思考遮断の発生により避難が大幅に遅れているのが表れており，心理的要因を考慮することの重要性がわかる。

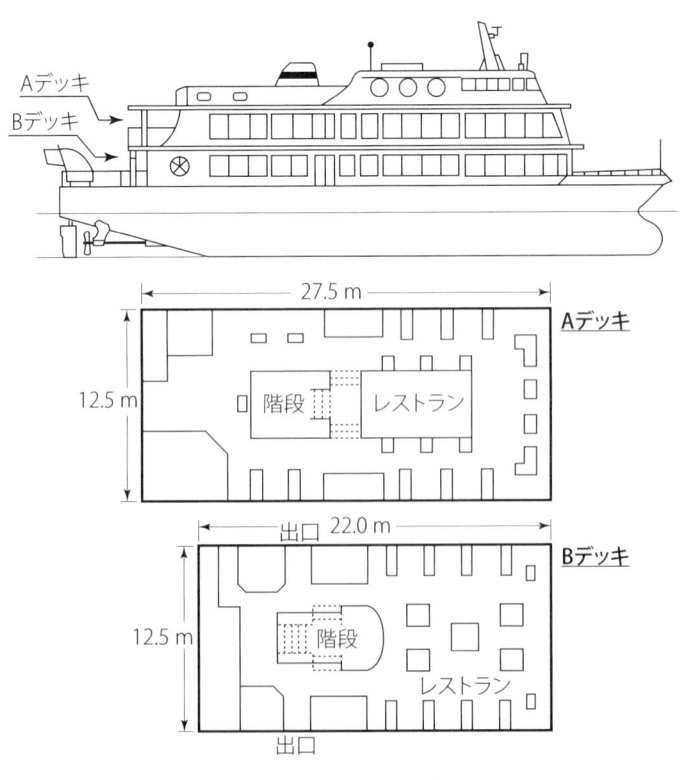

図3.3　クルーズ客船の一般配置図

[第3章] 心理情報と緊張・パニック　**61**

(a) 刺激度：2
　理解スクリプト：中度
　行為スクリプト：低度
　モニタリング能力：低度

(b) 刺激度：4
　理解スクリプト：低度
　行為スクリプト：低度
　モニタリング能力：低度

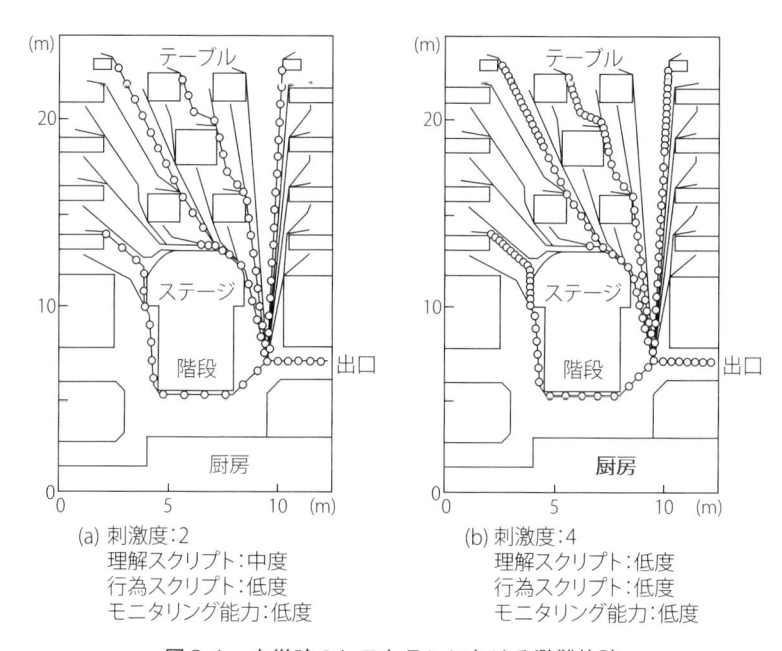

図3.4　火災時のレストランにおける避難軌跡

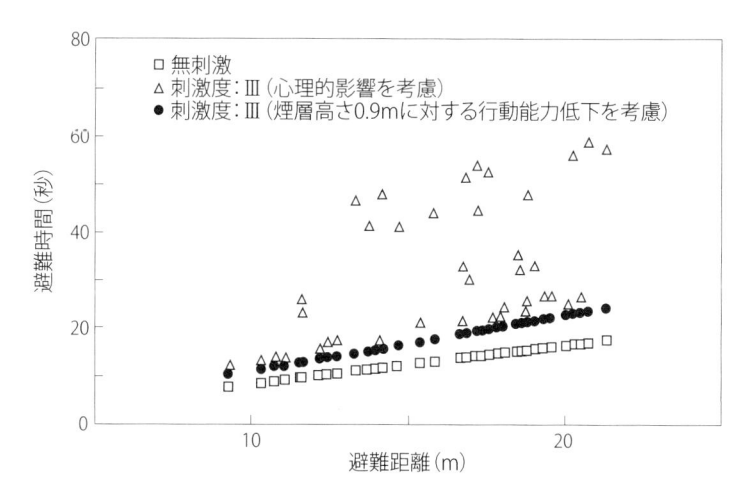

□ 無刺激
△ 刺激度：Ⅲ（心理的影響を考慮）
● 刺激度：Ⅲ（煙層高さ0.9mに対する行動能力低下を考慮）

図3.5　心理的要因の影響による避難時間の違い

3.2 危機時の緊張度と事故生起

　人的過誤に起因する事故では重大でかつ比較的頻度が高い船舶の衝突事故を対象として，緊張ストレス環境下における心理情報処理の推移過程を考慮した事故生起の可能性について解析する。3.1節で述べた緊急時の心理情報処理プロセスにより，外的刺激としての危機度に対応して操船者の熟練度に応じた緊張ストレスの発現と対応能力の関係を調べる。また，過去に発生した衝突事故の分析により緊張感の指標を設定し，これに対応してフォールトツリー解析による事故の発生確率を比較することにより，事故防止のための支援項目について考える。

(1) 緊急時の操船者の心理的圧迫感と反応

(a) 緊急時の心理情報処理

　外部環境からストレスを受ける操船者は思考・行動能力が低下し，さらに衝突事故に至る前の危機的状況によっては，操船者がパニック（思考遮断）状態になることもありうる。このような状況下では，操船者は平常時の心理状態とは異なり，緊急時の心理状態にある。したがって，この緊急時の心理情報処理に基づく思考・行動能力の低下の度合を推定し，これに対応した事故回避対策の策定を行うことが必要である。また，外部ストレスの影響は，操船者の個人的な能力や経験によって大きく異なると考えられて，理解スクリプトと行為スクリプトのレベルおよびモニタリング能力として表され，これを考慮した個人の心理情報処理過程のモデル化が不可欠である。これらの要件を加味した解析を行うために，3.1節で述べた危機時の心理情報処理モデルを用いる。

　船橋当直業務に携わる操船者を対象とした心理モデルでは，異常な状況が心理に及ぼす影響を危機度CD（Crisis Degree）として表し，危機感が高まるに従って1から6まで変化させる。さらに危機感の限界値を超えた場合の思考遮断の発生についても表現する。なお，心理情報処理過程の制御支配パラメータの決定には，操船者や運航管理者によるインタビューや事故分析の結果を参考

にした。

(b) 外的刺激と内的対応による緊張感の指標

外的刺激と内的対応の関係は，信頼性解析による要因分析[3-10][3-11]の結果に加えて，井上らの提唱する操船環境を定量的に評価する操船者の主観的危険度（SJ値）[3-12][3-13]を用いて設定するものとする。なお，主観的危険度は後述の通りであるが，操船者自身が感じる危険感を［非常に危険：SJ＝−3］から［きわめて安全：SJ＝＋3］までの7段階で表している。

操船者の主観的危険度 (SJ値, Subjective Judgment Value)[3-12][3-13]

SJ値には操船環境および交通環境に対応する次の2種類があり，操船シミュレータ実験や操船経験者へのアンケート調査に基づき多くの操船者の意識を反映させ，いくつかのパラメータを組み合わせた回帰分析により，以下の式で表現されている。

a) 地形に対する操船者の主観的危険度：SJ_L

$$SJ_L = \alpha \left(\frac{R}{V}\right) + \beta \tag{3.2}$$

ここに，α，β は自船船型による係数，R は岸までの距離，V は自船速度であり，総トン数を GT とすると次式で表される。

$$\alpha = -0.00092 \cdot \log_{10}(\text{GT}) + 0.0131, \quad \beta = -3.82$$
$$\text{in case; } (\text{GT} \leq 10{,}000)$$
$$\alpha = 0.006671 \cdot \exp\{-7 \times 10^{-6}(\text{GT})\}, \quad \beta = -3.82$$
$$\text{in case; } (\text{GT} > 10{,}000) \tag{3.3}$$

b) 他船との接近に対する操船者の主観的危険度：SJ_S

$$SJ_S = \alpha^* \left(\frac{R^*}{L_m}\right) + \beta^* \tag{3.4}$$

ここに，L_m は自他船の平均船長，α^*，β^* は L_m による係数，R^* は他船との相対距離である．

$$\alpha^* = 0.0019 L_m, \quad \beta^* = -0.65 \cdot \log_e(L_m) - \beta_2 \qquad (3.5)$$

ただし，β_2 は 2.07（右舷からの横切り，船首行き会いの場合），2.35（左舷から横切り），0.85（追い越し）である．

これらの式は対象物や相手船との衝突までの時間的余裕（R/V, R^*/L_m）が大きく関与している．具体的には，操船環境ストレス値は，現針路を中心に±110°の範囲にわたり刻み1°毎に，障害物へ衝突するまでの時間的余裕を計算し，操船者が抱く危険感を (3.2) 式または (3.4) 式を用いて計算する．

緊張度と事故分析例

ここでは，外的刺激としてのSJ値をSJ＝+3がCD＝0，SJ＝-3がCD＝6となる7段階の"危機度CD（Crisis Degree）"に尺度変換して用いる．また，この"危機度"（入力）に対する内的対応の心理的指標を"緊張度TS（Tensional Stress）"（出力）とし，緊張度がTS＝1.0を超えると思考遮断が起きるものと仮定し，この閾値を目安に緊張度の尺度を刻み，緊張度がやや低いTS＝0.2程度，適度TS＝0.4程度，高いTS＝0.6程度，きわめて高いTS＝0.8程度とする．

まず，事故の確定事実のみを対象とする事後分析手法であるバリエーションツリー解析（VTA）[3-14][3-15] によって得られた船舶位置の経時変化から余裕時間を算出し，これを用いて単船衝突ケースでは (3.2) 式，二船衝突ケースでは (3.4) 式によりそれぞれSJ値を求め，危機度CDに尺度変換する．ここでは，典型的な衝突事故の事例として，自船と対象物との位置関係の時間変化が明確に記録された単船ケース1件，二船ケース4件を取り上げて分析し，危機感の指標を設定[3-16] した．

例として，2.3(2)(c) で述べた，貨物船"日鋼丸"と"雄端丸"の衝突事故について取り扱う．この事故のバリエーションツリー（VT）は図2.5（前出）に示す通りである．この事故分析による両船の経時的な位置関係から衝突までの余

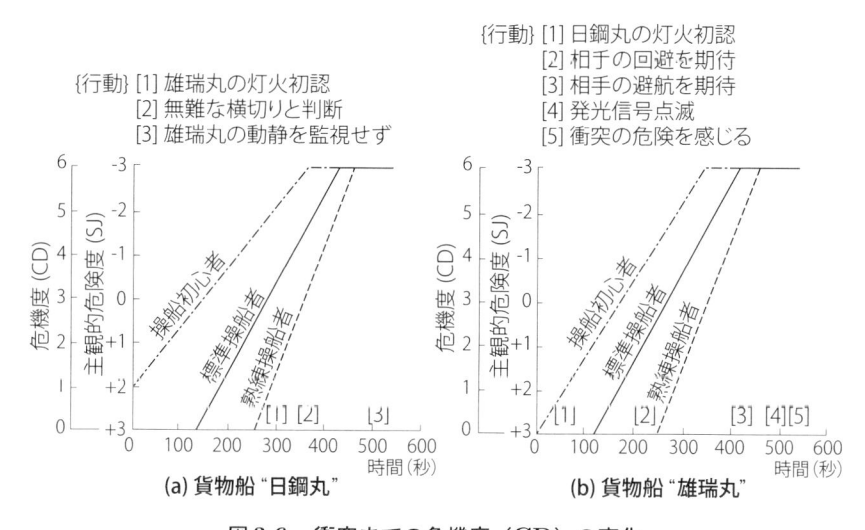

[第3章] 心理情報と緊張・パニック 65

{行動} [1] 雄瑞丸の灯火初認
[2] 無難な横切りと判断
[3] 雄瑞丸の動静を監視せず

{行動} [1] 日鋼丸の灯火初認
[2] 相手の回避を期待
[3] 相手の避航を期待
[4] 発光信号点滅
[5] 衝突の危険を感じる

(a) 貨物船"日鋼丸"

(b) 貨物船"雄瑞丸"

図 3.6　衝突までの危機度（CD）の変化

裕時間を計算し，両船の特性値から(3.4)式を用いてSJ値を求めると，図3.6のようになる。

さらに，操船者が感じる危険感には個人差があるが[3-12]，これは主に操船の経験差によるものと見なして，(3.2)，(3.4)式の係数 α，α^* を変化させることによって個人差を表現する。具体的には，標準レベルの操船者の係数 α，α^* を(3.3)，(3.5)式から求め，これに，熟練者レベルの操船者では1.0より大きい値（護岸への接近1.5，他船との接近1.4），または初心者レベルの操船者では1.0より小さい値（護岸への接近0.5，他船との接近0.6）を乗じて変更することにより危険に対する感覚の差を表す。経験差を考慮した場合の危機度CDを図3.6にあわせて示す。たとえば解析例では，日鋼丸において灯火を初認したときの危機度CDは，熟練者レベルでは約1，標準レベルでは約3，初心者レベルでは約5となっている。

他のモデルケースも加えた事故分析から求めた操船レベルと危機度CDの関係は表3.3のようになる。この表には，取材・アンケートなどから求めた外部環境ストレスと緊張度の関係，および熟練度による対応の目安を同時に示す。こ

表3.3 操船レベルと危機度（CD）の関係

CD	取材による状況	VTAによる状況	熟練度による対応の目安
6	衝突するが被害小 運が良ければ回避 2船の行動で回避	どうすることもできない 予想外の出来事生じる 至近距離に相手を視認 相手に避航を促す	熟練者でも思考遮断状態
5	協力動作望ましい 単独でぎりぎり回避 判断段階	近くに相手を初認	標準レベル，遮断 初心者，遮断
4	動静監視	余裕ある段階で初認 無難に回避と判断 回避しない	船長が呼ばれる段階
3	見張り段階	接近する状況を自覚	熟練者の場合，危険状態に ならないように航行するの が原則なので，つねにSJ 値が3以下を保つように 操船する。
2	通常航海	距離に余裕ある段階で初認 レーダーで初認	
1	安全な通常航海	ほとんど船舶なし	
0	非常に安全航海	まわりに船舶なし	

れをもとに，心理情報処理モデルで用いられる理解スクリプト，行為スクリプトおよびモニタリング能力の係数を定める。

(c) 心理モデルの制御支配項目

個人の特性と外的刺激

　ここでは操船者の能力を熟練者レベル，標準レベル，初心者レベルに分類する。また心理モデルの中の理解スクリプト，行為スクリプト，モニタリング能力をそれぞれHigh（高度），Middle（中度），Low（低度）の3段階で表す。これらは経験・訓練・教育の成果として決まるものとして，熟練者レベルではすべての能力がHigh，標準レベルの場合はすべての能力がMiddle，初心者レベルではすべての能力がLowであると仮定する。なお，実際には個人差により，経験レベルと特性レベルが完全には一致せずに，これらの特性レベルが混じり合

うこともありうる。

　心理情報処理モデルでは操船中の外的刺激を入力値とし，人間の神経系ではデジタル信号がインパルスの形で情報が伝達されている[3-18]ことを模して，インパルス入力とする。そして，事故の刺激の大きさを状況に合わせて表3.3に示すように7段階のグレードに分け，危機度CDに対応づけている。

思考遮断の生起・覚醒と個人特性の設定
　表3.3に示した刺激への対応関係に合わせて，経験レベル毎に思考遮断が発生する危機度の限界値と遮断状態からの覚醒時間T_wを熟練者［$CD = 6$, $T_w =$ 約50秒］，標準者［$CD = 5$, $T_w =$ 約70秒］，初心者［$CD = 4.5$, $T_w =$ 約100秒］と設定する。たとえば，初心者レベルの場合，危機度$CD = 4.5$の「ぎりぎりで回避可能」の段階においても，恐慌状態で適切に対応がとれないことを想定し，この段階において思考遮断が発生するものとした。さらに，いったん遮断状態に陥った場合には危険な状況から脱出しなくても時間がある程度たつと覚醒する事実から，覚める時間を設定した。また，熟練者レベルと標準レベルの場合も同様な想定により限界値などを決めた。これらの条件に合致するように，逆解析により個人特性A，B，Cを設定する。

(d) 心理過程のシミュレーション

能力別シミュレーションの結果
　標準，熟練者，初心者の各レベルに対して，6段階の危機度を入力して内的対応としての緊張度を計算した結果を図3.7に示す。なお，操船中に状況が変化（刺激のグレードが上昇）した場合には，その時点における危機度を変化させて表現する。

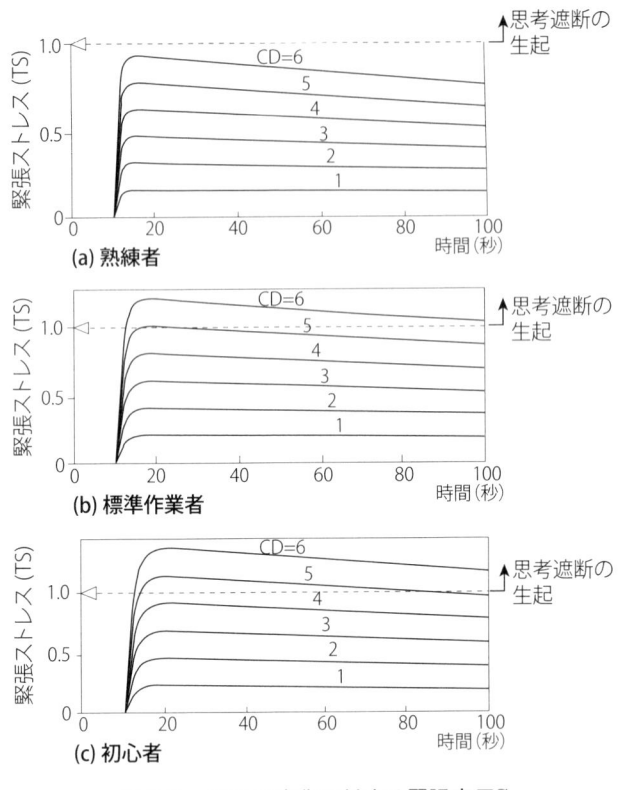

図3.7 　CDの変化に対する緊張度TS

(a) 熟練者
(b) 標準作業者
(c) 初心者

思考遮断の状態

　心理情報処理モデルでは，緊張度が限界値 $TS = 1.0$ を超えるとパニック状態になり，適切な対応ができなくなる。ここで $CD = 5$ の外部刺激があった場合について計算すると，能力別出力は図3.7に示す通りである。この結果より明らかなように，熟練者レベルでは入力刺激相応の危機感を感じているが，経験が浅くなると緊張度が $TS \geq 1.0$ となり思考遮断が発生することがわかる。

　このように，この心理情報処理モデルを用いることによって，さまざまな状況や操船者のレベルに応じた外部刺激に対応する緊張度の経時変化を推定できる。

（2）緊張度に応じた事故の生起確率

（a）FTAと生起確率

「船舶同士の衝突事故」に関するフォールトツリー解析（FTA）を行い，事故の生起確率を求める。

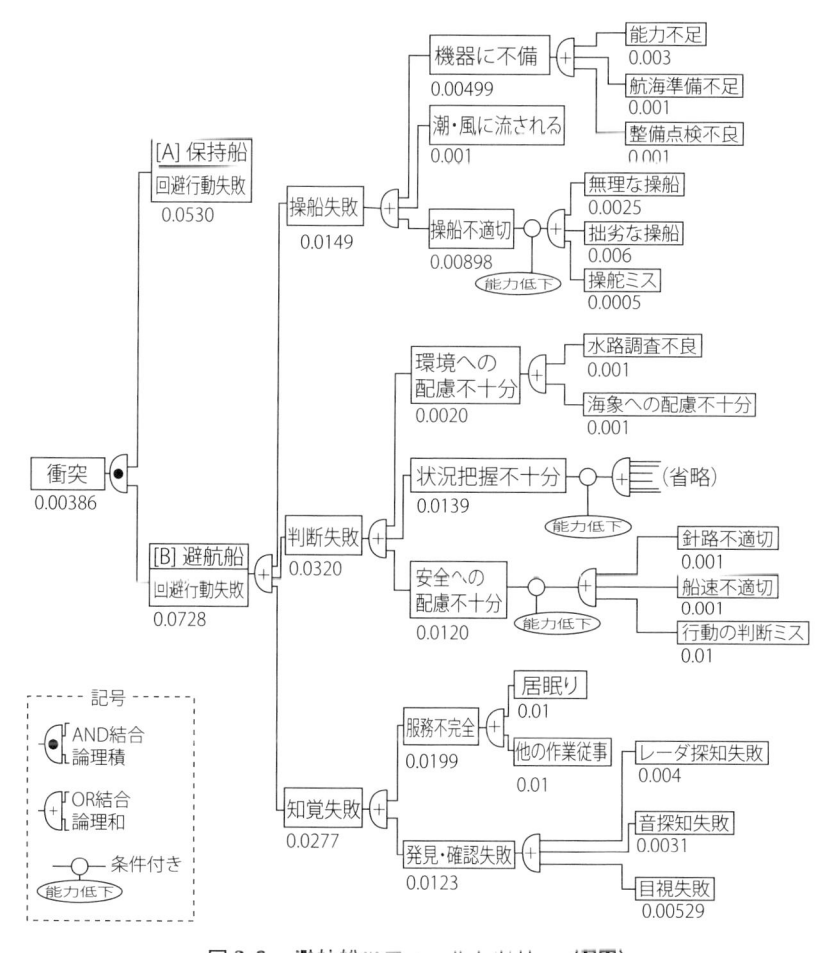

図3.8　避航船のフォールトツリー（FT）

進路が交差する船同士では，海上衝突予防法に定められた"行き会い船の航法"（第14条：互いに進路を右に避航する）および"横切り船の航法"（第15条：相手船を右舷側視認は避航する）を採ることになる．避航船のフォールトツリー（FT）は図3.8のように表される．なお，フォールトツリーは，VTA（バリエーションツリー解析法）により求めた変動要因[3-16]を基本事象として作成している．また，衝突事故の生起要因は，「知覚」「判断」「操船」の各段階に存在するが，保持船では知覚段階の失敗"警告なし"と判断段階の失敗"協力動作とらず"が主要因のため「操船」段階は関与しないと考える．したがって，一般に操船判断は避航船のほうが難しいことになる．これらのフォールトツリーにおける基本事象の生起確率は文献[3-10]の付表とロイドデータベースのマクロ海難事故データ[3-17]より求めている．

　なお，マクロ海難事故データベース（1978〜1996年，約2万3000件）によると「知覚：判断：操船」各段階での失敗による事故生起の割合は，「2.69：1.95：1.0」であるのに対し，図3.8に示した避航船の割合は「2.15：1.85：1.0」であり，このフォールトツリーは衝突事故原因の特徴を捉えているといえる．また，フォールトツリーによる事故の生起確率は 3.87×10^{-3}（件/隻・年）であり，運航に支障を生じる衝突事故の発生確率 2.55×10^{-3}（件/隻・年）と比較して，比較的妥当な値であると考えられる．

(b) 操船経験と緊張度

　操船者が受ける危機感から生じる内的対応である緊張度に対応する衝突事故の生起確率を，フォールトツリーをもとに調べる．これには，表3.1（前出）に示す緊張度と人間のエラー確率（HEP）の関係[3-1]を用いて，FTAにおける各基本事象の発生確率を緊張度に応じて変え，中間事象および頂上事象の生起確率を計算する．なお，緊張度の影響を受ける事象はフォールトツリーにおいて"能力低下（Lowering ability）"の条件付きにて表し，この部分の生起確率が緊張度に応じて変化するものとして扱っている．ただし，知覚段階の「服務不完全」など緊張ストレスによる能力変化が考えられない事象では人的過誤確

率（HEP）は変化させない。

この方法により求めた操船者の緊張度と各中間事象の生起確率の関係は表3.4のようになる。さらに，熟練者と初心者について緊張度に応じた「衝突事故」の発生確率を図3.9に示し，また主要中間事象である「知覚失敗」「判断失敗」「操船失敗」に関する熟練者の緊張度と生起確率の関係（避航船）を図3.10に示す。

表3.4　緊張ストレスと事故生起確率の関係

操船者	緊張ストレス	TS	避航義務船				針路保持船			衝突
			知覚	判断	操作	回避	知覚	判断	操作	
熟練者	低い緊張	0.2	0.038	0.052	0.024	0.109	0.035	0.048	0.081	0.0089
	適度の緊張	0.4	0.032	0.028	0.015	0.073	0.029	0.025	0.053	0.0039
	高い緊張	0.6	0.038	0.052	0.050	0.134	0.035	0.048	0.081	0.0109
	極度の緊張	0.8	0.083	0.230	0.094	0.360	0.081	0.220	0.081	0.0292
	パニック状態	1.0	0.692	0.900	0.581	0.987	0.691	0.822	0.945	0.9330
初心者	低い緊張	0.2	0.038	0.052	0.024	0.109	0.035	0.048	0.081	0.0089
	適度の緊張	0.4	0.032	0.028	0.024	0.081	0.029	0.025	0.053	0.0043
	高い緊張	0.6	0.049	0.099	0.094	0.224	0.046	0.094	0.136	0.0303
	極度の緊張	0.8	0.138	0.415	0.177	0.585	0.136	0.402	0.483	0.2830
	パニック状態	1.0	0.939	0.996	0.876	0.999	0.939	0.984	0.999	0.9990

図3.9は，適度の緊張（TS＝0.4）状態において生起確率が最も低くなり，ストレスレベルが上がるにつれて生起確率の値も高くなっている。とくに，パニック（思考遮断）状態（TS＝1.0）では生起確率が突出して高くなっており，このような状態に陥った場合にははとんどのケースで事故の発生が予測される。ただ，初心者レベルでは緊張ストレスがかなり強い（TS＝0.8）場合でも事故の生起確率はきわめて高くなるのに対し，熟練者ではパニックに陥らない限り事故生起の可能性はかなり低い。一方，緊張度が低い状態（TS＝0.2）でも生起確率は上がっており，緊張ストレスは高過ぎても低過ぎても事故を引き起こしやすくなるので，適度なストレスレベルを保つことが事故防止のためには重要であると考えられる。

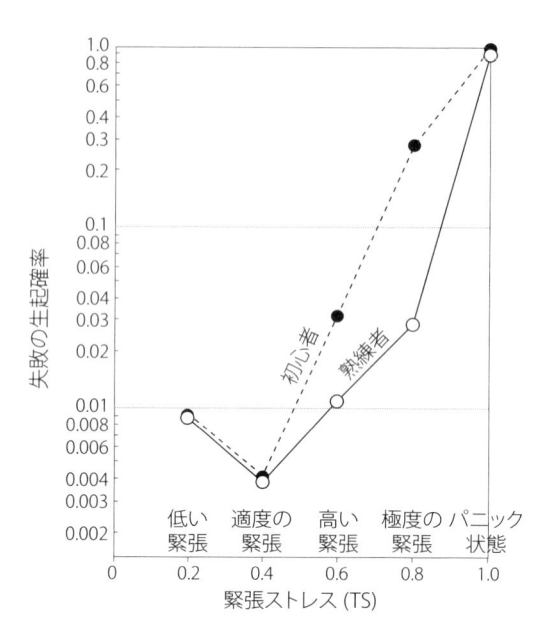

図 3.9　緊張度に応じた衝突の発生確率

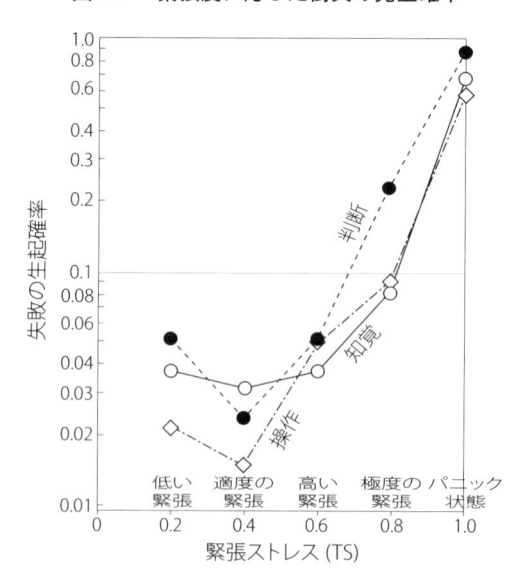

図 3.10　熟練者の緊張度と事故生起（避航船）

また図3.10を見ると，緊張度が上がるに従い主要中間事象の生起確率も高くなり，パニック状態ではその値が突出する傾向は変わらない。しかし，「知覚失敗」および「操船失敗」の生起確率は緊張度の変化に大きくは追従せずに，比較的低い値を保っている。一方，「判断失敗」の生起確率は緊張度の変化にかなり影響を受ける。

　これらのことより，衝突事故の防止のためには以下の事項が必要である。

1) 緊張ストレスレベルが高くなる着岸時や輻輳海域航走時，および逆に緊張度が低下しがちな夜間の船橋当直や大洋での見張りなどを問題視し，航海時の緊張度を十分に予測して[3-10][3-17]危険度を認識する。
2) 緊張度が高い状態への対応，とくに思考遮断を起こさせない訓練や機器支援などの対策を講じる。
3) 状況認識，操船判断・指令などの判断段階での支援などが有効である。

　なお，3)の対策としては，自動衝突予防援助装置（Radar/ARPA），電子海図（ECDIS）や船舶自動識別装置（AIS）などの機器支援があるが，教育・訓練体制の整備，当直システムの改善などもさらに有効[3-11]である。

第4章　心拍変動による緊張ストレス計測

　前章では，心理情報の処理過程をモデル化して，危機時などの高緊張状態では思考能力や行動能力が低下する様相を数理的に推算した。ただ，ある程度の緊張でもこの事象は現出することは明らかであり，作業スキルや環境負荷などと発生する緊張ストレスの関係を知って人的過誤の防止策を考える必要がある。

　この章では，まず外的負荷による緊張ストレスの発生状態を把握するために，操船中における操船者の心拍変動を心電図計により計測し，粗視化スペクトル法により緊張ストレス値を算出する方法とその例について説明する。次に実船計測をもとに，操船環境ストレス値として井上らの提唱する主観的危険度[4-1][4-2]を計算し，緊張ストレス値との比較により操船環境負荷とストレスの関係について述べる。

4.1　心拍変動による緊張ストレスの推定

　操船時における人間の緊張ストレスのレベルを知るために，操船者の心電図を計測し，スペクトル解析による心拍変動の分析によって自律神経機能の活動を把握し，生理・心理的負担を評価[4-3][4-4]する。

(1) 緊張ストレスと心拍変動の関係

(a) 心拍と自律神経の関係

　人間の緊張や興奮を示す生理反応には，交感神経と副交感（心臓迷走）神経からなる自律神経がかかわる。呼吸循環機能の亢進や消化機能を抑制する交感神経は緊張状態で活発であり，一方，エネルギーの保存，貯蔵にかかわる副交感神経はリラックス時に活動することが知られており，自律神経によって心拍数は調整されている。また，副交感神経活動は 0.5 Hz 前後の心拍調節信号まで伝達できるのに対し，交感神経による心拍調節は 0.15 Hz 以上の信号を伝達できないことから，両神経による心拍数調節活動を分離でき，さらに心拍変動の様相は心電図計により簡単に計測できる。なお心電図計は心臓を挟んだ体表面に電極を置き，心臓の活動を電気的に記録し，心臓の働きを観察するのによく使われる。

　そこで，心拍と自律神経の関係より人間の緊張や興奮状態を調べるためには，交感神経と副交感神経がどの程度働いているかが重要となるため，心電図計により計測した心拍変動データから周波数のスペクトル分析によって調べる方法が用いられる[4-5][4-6]。

(b) 心拍変動計測とスペクトル解析

　心電図は心筋の電気的脱分極および再分極によって生じた電位変化の総和を記録したものである。心電図の波形は図 4.1(a) のようになるが，これを基に発生電流が高い R 波の出現する時間間隔を表示したものが図 4.1(b) であり，心拍変動と呼ばれる心拍のリズムは大きく揺らいでいる。この心拍変動のパワースペクトルは，1) その高周波成分には副交感神経だけ，低周波成分には交感神経と副交感神経の両方が関与している，2) その対数パワーが対数周波数に反比例するという，いわゆる $1/f^{\beta}$ ゆらぎ（β はスペクトル指数）のスペクトルを持つ。

[第4章] 心拍変動による緊張ストレス計測　**77**

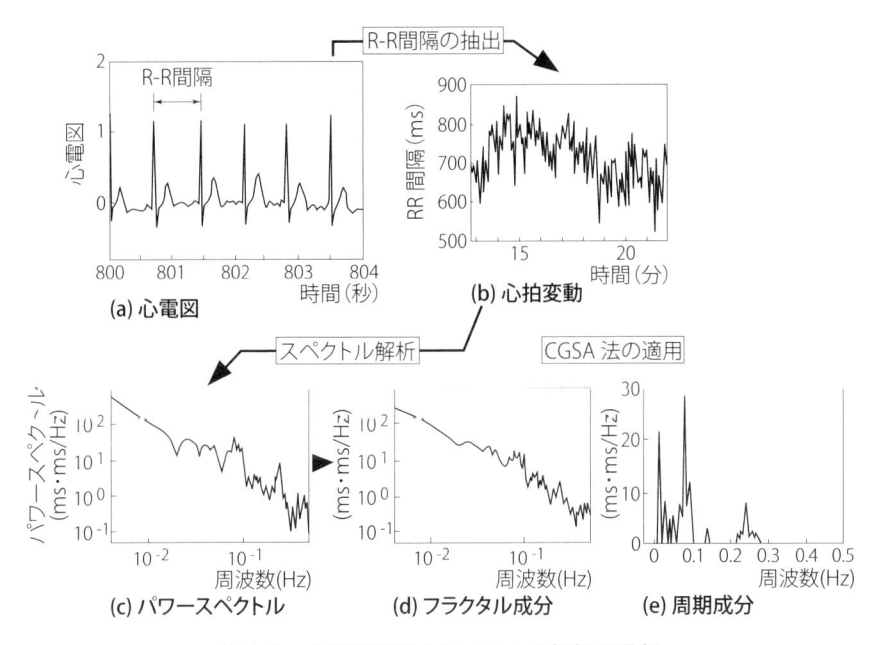

図4.1　心電図波形とスペクトル解析の過程

この $1/f^\beta$ ゆらぎを有する場合には，1) スペクトル解析を行ってそのパワーを両対数表示で表したとき，ピークが存在しても見つけ出すことが難しい（とくに低周波数域），2) スペクトル指数 β が1より大きい $1/f^\beta$ ゆらぎを有する時系列は確率過程として非定常となり，測定開始時刻や計測時間に依存し，短時間の心拍変動スペクトルの定量的な特徴まで不鮮明にする難点がある．これらのことから，心拍変動のスペクトル解析を行う際には，もとの時系列データから非定常である $1/f^\beta$ ゆらぎ成分だけを取り除いて，周期成分のみのスペクトルを得ることが必要となり，本研究では粗視化スペクトル法（CGSA法；Coarse Graining Spectral Analysis）[4-7][4-8] を用いて解析する．

粗視化スペクトル法は，心拍変動の持つ明らかな周期成分や位相の揃った広帯域信号と，フラクタル的な（位相の混じった）成分とを分離するための手法である．原理としては，原時系列とそれを粗視化した時系列において規則性の強い変動の場合は両者が無関係になる性質を応用する．解析では原時系列と粗

視化時系列のクロススペクトルの位相を計算し，その計算値から不規則に変化する成分を排除するアルゴリズムを用いる。

　CGSA法によって得られた周期成分のみのパワースペクトルのうち，0.04〜0.15 Hzの低周波成分の積分値Loと，0.15〜0.5 Hzの高周波成分の積分値Hi，また，パワーの全周波数にわたる積分値Totalを求める。ここで，交感神経活動の指標SNS（Sympathetic Nervous System）は緊張度，および副交感神経活動の指標PNS（Parasympathetic Nervous System）はリラックス度を表し，SNS＝Lo/Hi，PNS＝Hi/Totalより人間が感じる精神的緊張や興奮を具体的な数値として求めることができる。このCGSA法によるスペクトル解析過程の例を図4.1 (b)〜(e) に示す。

（2）心拍変動の計測と解析信頼性

（a）計測と分析方法

心拍変動の測定とそのスペクトル解析は以下のように行っている。

1) 心電図計により標準的な2極式の導線を用いて，被験者の右鎖骨の中ほどから5 cmほど降ろした部位に1点，左右の第5肋間と鎖骨の中ほどから降ろした線の交点に各1点ずつ電極を配置し，心拍変動を計測する。
2) 連続的に測定された心電図波形を，I/Oボードを通してノートパソコンにサンプリング周波数250 Hzで取り込む。
3) 波形の最大値と各点における増分を考慮したR–R間隔摘出プログラムを作成し，採取された心拍データよりR–R間隔の時系列データを求める。
4) このデータを時系列データ解析システムによりスペクトル解析する。

（b）予備的な計測――自動車による実験

　体感的な緊張・リラックスの度合いとSNS，PNSとの関係を知るために，乗用車の運転時における心拍変動を予備的に調べてみた。そこで，1) 運転席での平静

時，2) 平坦な一般道を50 km/hで運転，3) 複雑な峠道を運転（平均50 km/h），4) 高速道路を80 km/hで運転，5) 高速道路を100 km/hで運転，の各状態における運転者の心拍変動を計測して求めた心拍数，SNS，PNSの5分間平均値を図4.2に示す。

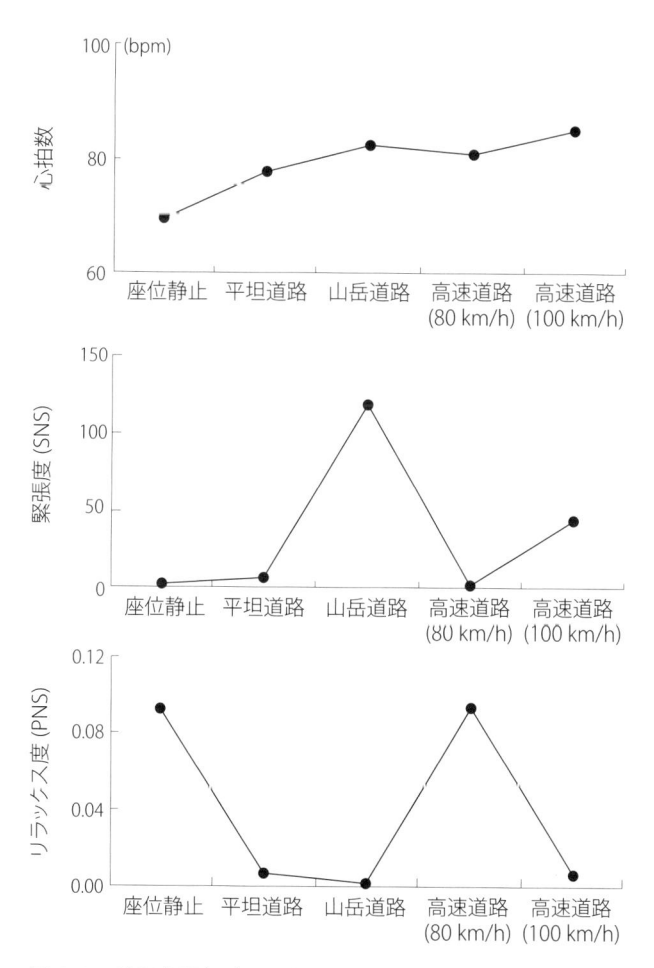

図4.2 乗用車運転時の心拍とストレスの変化（5分間平均）

この解析結果では，緊張度を示すSNS値は，平坦一般道50 km/h，高速80 km/hが低くて，高速100 km/h，峠道の順に高くなっているのに対し，リラックス度を示すPNS値は，信号停止などの外乱が少ない高速80 km/h走行時がいちばん高い値を示している。このことは運転の難易度などに依存する常識的な感性に一致する。なお，心拍数は，緊張度とある程度の相関があるが，ストレスを明確には表していない。

(c) 内航LPGタンカーにおける計測

輻輳海域や狭水路などにおける緊張ストレスを調べるために，音声により指示・応答を行う対話型航海支援システムを備えた内航LPGタンカー（載荷重量トン数849 ton，航海速力12.0 knot，昼間は単独操船）において心拍変動の計測を行った。なお，本船は知覚，判断，操舵に至るまで船長による単独操船である。

本船は堺港を午前中に空荷で出航し，坂出港沖で一晩停泊し，翌朝，坂出港石油基地バースに着岸・積み荷を行ったが，1) 明石海峡（約45分），2) 小豆島付近から坂出港まで（約2時間25分），3) 坂出港泊地から着岸まで（約55分），において計測を行った。この時間経過に伴うイベントとSNS，PNSの値の関係を図4.3（移動平均）に示す。これらより以下のことがわかる。

a) 輻輳海域の航行や横切り船が通過する時点にSNS値が高くなっており，緊張する入港時や着桟時などよりもさらに高く，より強く緊張している。

b) PNS値は平静時を除いて航海中全般にわたり低く，リラックス状態はほとんど無い。

c) 航海開始前や作業準備中にSNS値が高く，操作・操船の方針を決める判断時点，および目視や双眼鏡で前方を見ている知覚時点においてかなり緊張し，操作を開始すると落ち着く傾向が見られる。

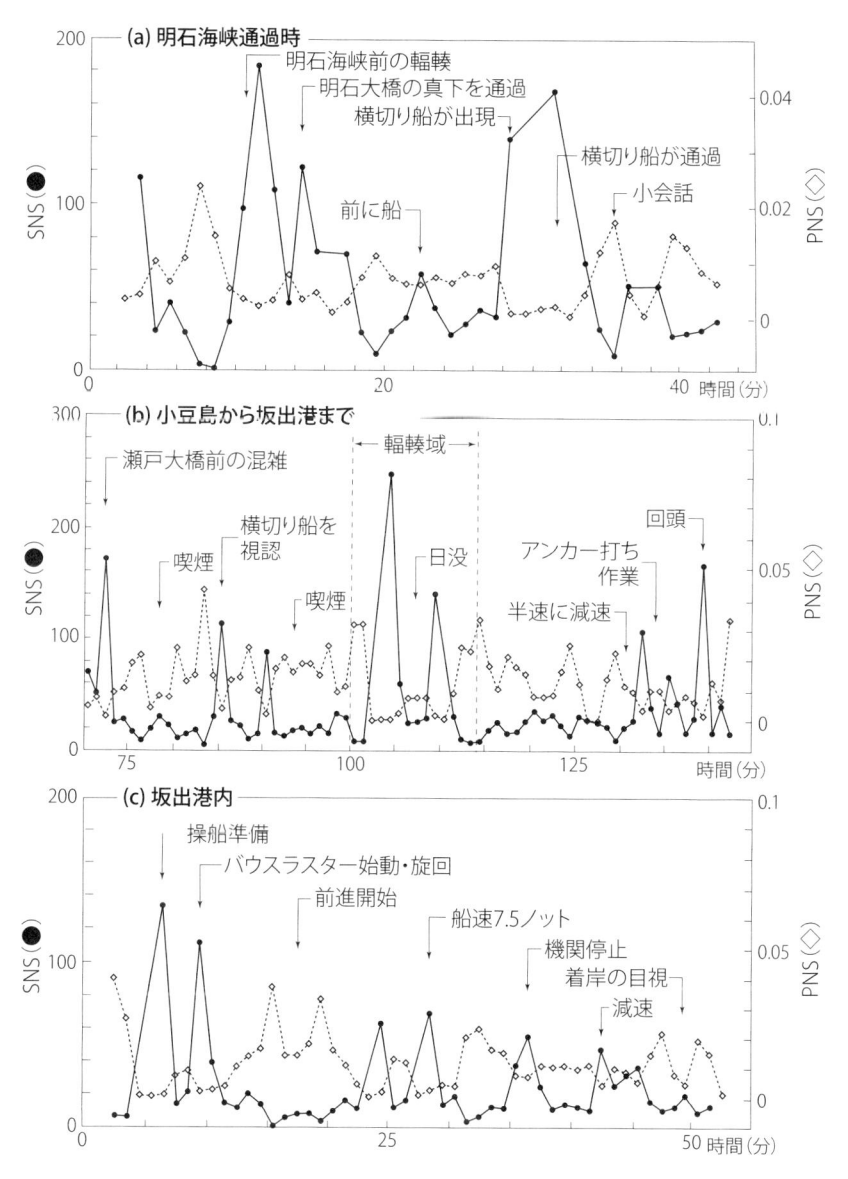

[第4章] 心拍変動による緊張ストレス計測 81

(a) 明石海峡通過時
- 明石海峡前の輻輳
- 明石大橋の真下を通過
- 横切り船が出現
- 前に船
- 横切り船が通過
- 小会話

(b) 小豆島から坂出港まで
- 瀬戸大橋前の混雑
- 喫煙
- 横切り船を視認
- 喫煙
- 輻輳域
- 日没
- アンカー打ち作業
- 半速に減速
- 回頭

(c) 坂出港内
- 操船準備
- バウスラスター始動・旋回
- 前進開始
- 船速7.5ノット
- 機関停止
- 着岸の目視
- 減速

図4.3　内航LPGタンカーの航海時の緊張ストレス

4.2 操船時における環境ストレス

　操船者は荒天，霧などの自然現象による外乱の他に，航路幅，浅瀬などの航路障害および船舶交通の輻輳などの環境要因により負荷を受けている．操船の安全性を評価して操船支援システムの設計に反映するためには，操船者自身が環境負荷から感じる安心度や危険感に基づいた評価[4-9]が必要となってくる．ここでは，操船環境を定量的に評価するために井上らの提唱する主観的衝突危険度（SJ値；Subjective Judgment Values）に基づく環境ストレス値[4-1][4-2]を用いて操船者が受ける危険感を推定し，心拍変動より求めた緊張ストレスと比較する．

(1) 操船者の環境ストレス値[4-1][4-2]

　操船者の主観的危険度（SJ値）については3.2(1)項において説明しているが，操船時に遭遇する各場面における状況やその後の予測を踏まえた操船者自身が感じる危険度であり，［非常に危険：SJ＝－3］から［非常に安全：SJ＝3］までの7段階で表現されている．

　具体的には，操船および交通環境ストレス値は，1) 現針路を中心に±110°の範囲にわたり刻み1°毎に，障害物への衝突までの時間的余裕を計算し，操船者が抱く危険感を(3.2)式または(3.4)式を用いて計算する，2) 障害物の存在方向による危険感を，正面で1.0，左右110°で0になるような余弦関数によって人間の視野の重み関数として修正を行う，3) 各針路毎に求められた±3の危険感を180倍し，SJ＝＋3を0とし，SJ＝－3を1000とする0～1000の範囲に尺度変換して，±110°の針路範囲についての総計を求め，これから環境ストレス値を算出する．この値は次の4区分により評価している[4-2]．

1) 環境ストレス値0～500
　"問題なし"：「非常に安全」から「どちらでもない」まで
2) 環境ストレス値500～750
　"やや危険"：「どちらでもない」から「やや危険」の範囲

3) 環境ストレス値750〜900

"危険限界"：「やや危険」から「かなり危険」の範囲

4) 環境ストレス値900〜1000

"破局的危険"：「かなり危険」から「非常に危険」まで

この環境ストレス値の計算においては，航路上の各点における視角±110°の範囲の陸岸や出会い船までの距離が必要であり，画像処理の技術を用いて航路や地形をパソコン上に再現した．その再現された地図上における距離を算出し，これにより環境ストレス値を求めた．

(2) 実船計測に対応した環境ストレス値と緊張度

博多港から壱岐経由で対馬までの往復路において旅客フェリー（総トン数1926 ton，航海速力20.0 knot，旅客定員974名）を操船する船長の緊張度について計測を行った．なお，本船は船長の指示に従って操舵手が操船を行う体制であり，船長は重要な海域の操船指揮をとり，離岸や着岸時においては命令の他にバウスラスターの操作を同時に行っている．単独操船の内航LPGタンカーの場合とは別種の緊張ストレスが船長には生じていると考えられる．

(a) 博多港入港時の旅客フェリー

心拍変動の計測を行った旅客フェリーの壱岐から博多港までの航路図は図4.4に示す通りである．計測当日の船速や航路の記録をもとに操船環境ストレス値を算出し，計測によるSNS，PNS値と比較して図4.5に示す．なお，両グラフは縦軸のスケールを調整して同じ図上に示している．

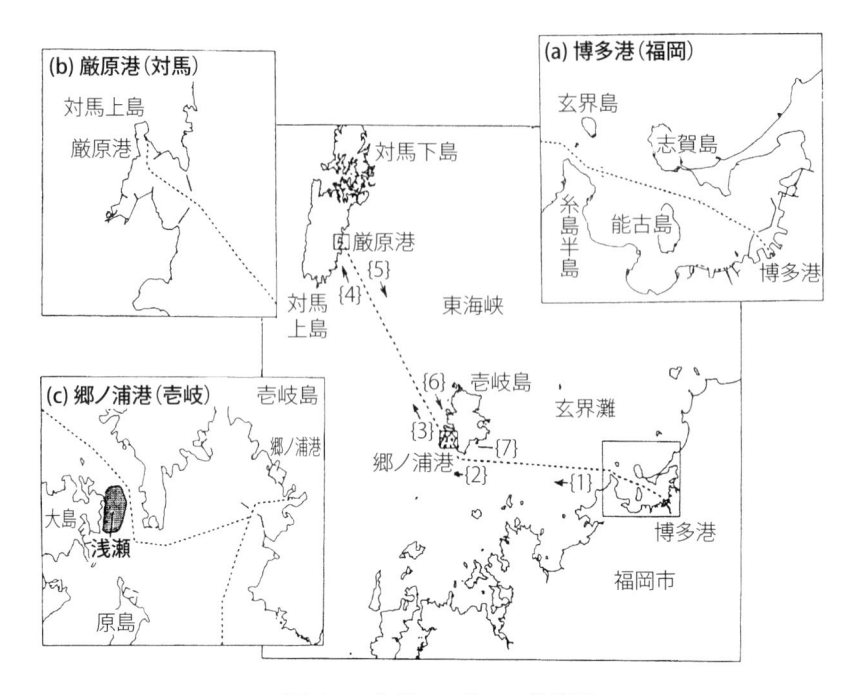

図 4.4 旅客フェリーの航路図

　環境ストレス値は, 糸島半島に接近時と停泊中の大型客船と貨物船の間を通過する際に上昇し, 輻輳海域である能古島から博多港までの間はつねに高い値を示している。

　一方, 2隻の船の間を通過後から漁船および防波堤に接近しSNS値が高くなるまでは, SNS値は低くて緊張は解けているが, PNS値も低く完全なリラックス状態ではない。また, 海が開けた志賀島側から輻輳する博多港に向かってSNS値はしだいに上昇し, 着岸までの操作命令のたびにSNS値が上昇しているが, 命令と命令の間には緊張を解いて低下している。この図より, 環境ストレス値はSNS値の上昇部の包絡線をたどり, 環境からの圧迫感を表現できることがわかる。

[イベント] (a) 狭い海峡通過　(b) 2船の間を通過　(c) 針路変更を指示　(d) 進路上に漁船出現
(e) フィンの収納を指示　(f) 航路マークを確認　(g) 減速を指示　(h) 舵角変更を指示
(i) Dead Slow を指示　(j) 機関停止命令　(k) 回頭を指示　(l) Slow Astern を指示
(m) バウスラスターの停止命令

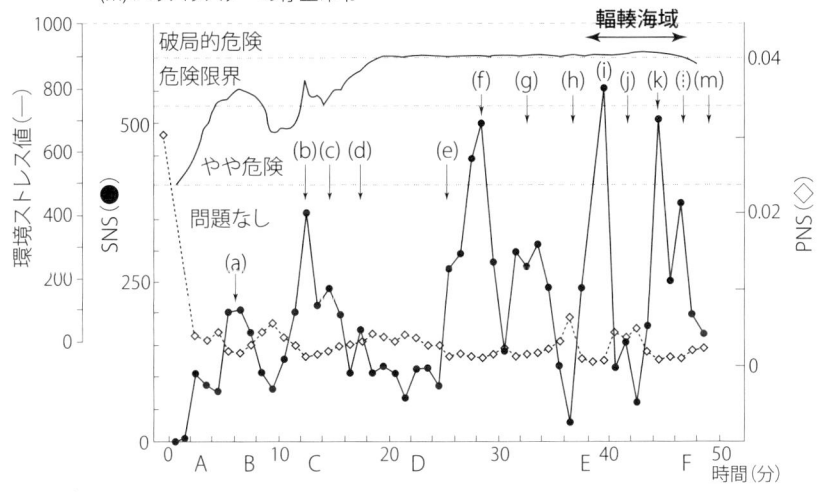

図4.5　旅客フェリーにおける環境要因と緊張ストレス（博多港入港時）

(b) 郷ノ浦港出航時の旅客フェリー

対馬に向かう旅客フェリーが壱岐の郷ノ浦港を出港する際について，図4.4の航路図と船速の記録により環境ストレス値を求めてSNS，PNS値と比較して図4.6に示す。なお，この航路では出港後に浅瀬がある島間の狭水路を航行することになる。

環境ストレス値は，離岸時には高い値を示し，防波堤を抜けると比較的開けた水域に入るために値は下がるが，しばらくして浅瀬がある狭い水域を抜けるため大きく右旋回する地点において値が高くなっている。この際には，環境ストレス値が"危険限界"から"破局的危険"に移らない程度に減速して時間的余裕を確保し，危険水路を抜けると船速を上げている。"危険限界"における操船者の許容感は「操船限界」[4-2]に達しており，操船者はその操船環境を許容限界に保持するように，感覚的または経験的に時間的余裕を制御する行動をと

[イベント] (a) Slow Astern を指示　(b) 進路上に漁船出現　(c) 針路変更と Dead Slow を指示
(d) 防波堤を通過　(e) 針路変更を指示　(f) 舵角変更を指示　(g) 減速を指示
(h) 半速で浅瀬を通過　(i) 針路を指示

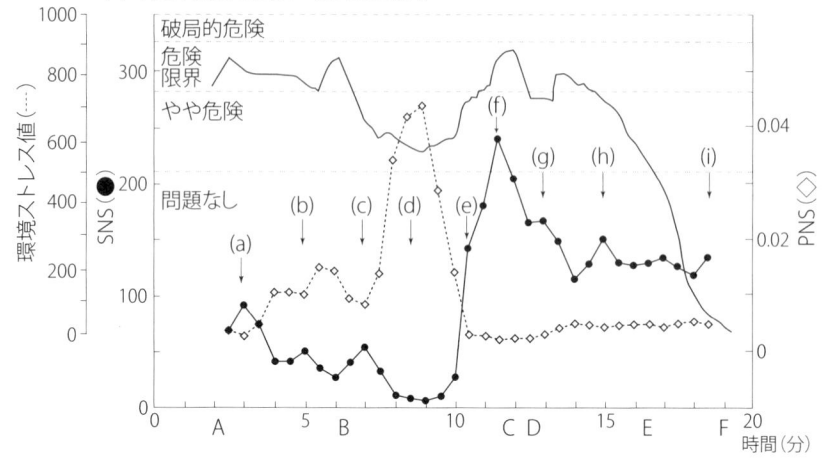

図 4.6　旅客フェリーにおける環境ストレスと緊張ストレス（郷ノ浦港出航時）

るものと解釈できる。

　一方，SNS 値は離岸時に少し高くなっているが，防波堤を抜けて水域が開けるに従って値は下がっている。さらに，大きく右旋回して狭水域を抜ける危険水路において値が急激に高くなり，その後漸次低下するが，環境ストレス値ほどは下がらず緊張感が続いていることを示している。

(c) 緊張ストレス値と環境ストレス値の特徴と有効性

　操船環境ストレスの 2 種の推定法，心拍変動による緊張ストレス値（SNS 値）および操船者の主観的危険度（SJ 値）の特徴を述べて比較を行う。

緊張ストレス値（SNS 値）の特徴

　i)　自己の意志による影響を受けにくい自律神経の働きを調べるため，比較的安定した結果が得られる。また，行動に対する瞬間の緊張ストレスお

よび離着岸時など比較的長い時間にわたる緊張ストレスも同じ精度で求めることができる．

ii) 操船者が受けるあらゆる要因からの緊張ストレス，さらに緊張の持続と間断など人間の特性をすべて含んで現れる．このため，緊張ストレスを引き起こす要因をすべて説明することが困難な場合もあるので，被験者の行動および周辺環境の様子などをビデオカメラなどを用いてこと細かく記録する必要がある．

iii) 同一状況における異なる被験者の結果を見ると，緊張度は同じような傾向を示す．ただ，SNS値やPNS値そのものには個人差があり，値の絶対値だけでは緊張度を論じられない．

環境ストレス値（SJ値）の特徴

i) 緊張ストレス値と比較すると，環境ストレス値はSNS値の上昇ピークの包絡線をたどって操船環境からの圧迫感を表現しており，緊張の間断を除けば同じような傾向を示す．よって，環境ストレス値を求めれば，実際に心拍変動を計測して緊張ストレス値を求めなくても，ある程度の精度で緊張度の推定が可能である．

ii) 操船者の感じる危険感（SJ値）をもとにストレスを推定しているため，他の要因は考慮されずに，操船時のストレスのみで決まっている．

iii) 障害物までの距離と船速のみでストレスを表しているために簡単でわかりやすく，環境負荷の影響を予測できる．

以上のような両者の特徴から，心拍変動計測によって求めた緊張ストレス値は瞬時の緊張感を表現できるために，強い緊張時に対する装備支援による事故防止を意図した航海支援システムの設計に役立つ．一方，操船者の危険感に基づく環境ストレス値は，船舶の運用計画や航路設計などにきわめて有用であり，事故防止のシステム構築にも有効と考えられる．

第5章　緊張下の状態推移と事故防止対策

　人間-機械系システムの設計では，人間に一定レベル以上の判断・操作能力を期待して機械との機能配分を行っているが，人間の思考・行動能力は環境負荷や仕事内容などの外部環境によって大きな影響を受ける．本章では，まず船舶の衝突事故を対象として，緊張ストレス環境下における安全性評価を行い，これに基づき事故の状態推移について解析して，その推移過程の様相から安全対策について考える．次に，作業支援システム設計における安全性向上のための施策例を挙げる．この例は，内航タンカーにおける作業負荷の軽減と人的過誤生起の減少を目的とする液体荷役操作支援システムを構築するために，1) 荷役時における荷役責任者の心拍変動を計測し，2) スペクトル解析により緊張ストレスを推算し，3) これにより緊張度に関するタスク分析を行い，4) その結果を支援機能にどのように反映させるのかを示している．

5.1　事故までの推移と安全対策

　ここでは人的過誤による海洋事故では重大でかつ比較的頻度が高い衝突事故を対象として，操船の実務経験者などに対するインタビューと事故事例分析に基づき状態推移図を作成し，時間ステップを考慮した有限マルコフ連鎖により，衝突事故における状態推移を計算する．これにより推移する各フェイズの存在確率と累積確率を調べ，航海支援システムにおける過誤対策をとるべき時点と項目を抽出して，その効果を予測する．

(1) 状態推移の解析法

海上安全にかかわる支援システムでは，どの時点の事象に対し重点的に支援機能を持たせることが事故防止に効果的であるかを予測するためには，時間の経過による事故状態の推移を把握する必要がある。事象の推移を推定するには，複雑な推移モデルが扱える有限マルコフ連鎖[5-1]により時間経過を考慮した確率過程（マルコフ過程）を用いる。

（a）マルコフ過程による状態推移

衝突事故の状態推移モデル

衝突事故の状態推移は図5.1に示す概念図のように「安全状態」「修復可能な危険状態」「修復不可能な危険状態」の3状態を持つ推移モデルにより表される。

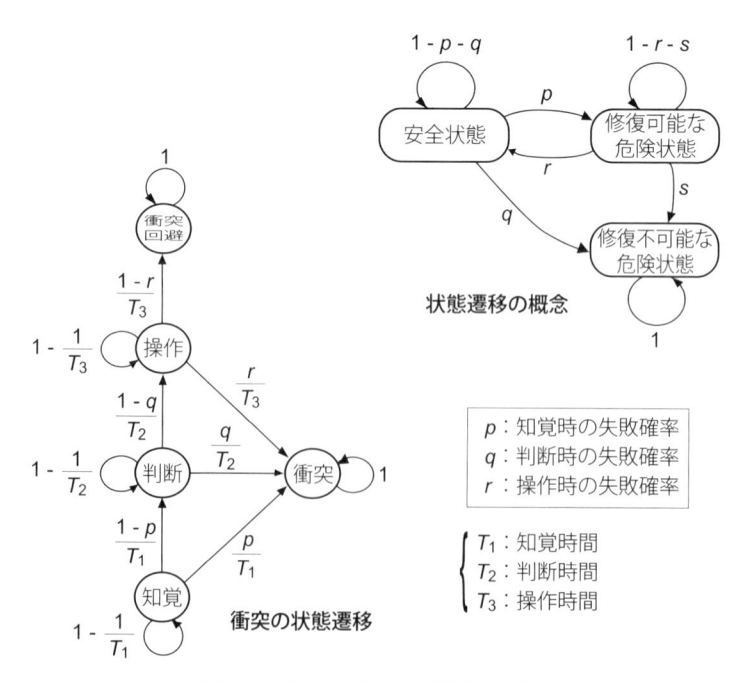

図5.1 衝突事故の状態推移モデル

まず，衝突事故における「安全状態」には，1) 相手船（または対象物）を知覚する以前の順調な航海時，2) 相手船（または対象物）を知覚し，うまく判断，操船して衝突事故を回避した後の状態，がある。次に「修復不可能な危険状態」は相手船（あるいは対象物）との衝突を意味する。また，「修復可能な危険状態」は推移モデルにおける各中間フェイズに相当し，この状態においてイベントが成功すれば衝突を回避した「安全状態」に進み，もし失敗すれば「修復不可能な危険状態」に転じることになる。

ここで，「安全状態」の順調な航海時の段階からは，対象を知覚した初期状態を経て，「修復可能な危険状態」へ遷移するので，図5.1のような推移モデルにより衝突事故の状態遷移を表すことができる。この推移モデルに基づく事象推移を確率的に推定するには，次に概説するマルコフ過程を用いて解析を行う。

マルコフ過程と状態推移[5-1]

時間とともに変化する偶然量 X_t（時刻 t ごとに定まる確率変数）の数学的モデルとしての確率過程 $\{X_t, t \in T\ (T\ は時間の集合)\}$ を考える。ここで，X_t の値を指定すると，時刻 t 以前の変量 $\{X_s, s \leq t\}$ のあり方に無関係に，t 以後の変量 $\{X_s, s \geq t\}$ の確率法則が定まるとき，この確率過程はマルコフ過程と呼ばれる。

また，X_t の値が x であるという条件の下で，s 時間後の変量 $X_t + s$ が集合 E に属する確率をマルコフ過程の推移確率という。とくにこの確率が t に依存しないとき，これを $P_s(x, E)$ と表し，マルコフ過程が時間的に一様であるという。そのようなマルコフ過程は推移確率と初期分布（すなわち $t = 0$ での変量 X_0 の分布）により定まる。

$T = \{0, 1, 2, \cdots\}$ であり，X_t の取りうる値の集合（状態空間）が有限集合 $\{1, 2, \cdots, N\}$ の場合，マルコフ過程は有限マルコフ連鎖と呼ばれ，どの成分も負でない N 次正方行列 P で各行の成分の和が1に等しいものを推移行列という。時間的に一様な有限マルコフ連鎖の推移確率は推移行列 P を与えると定まり，実際行列 P の n 乗 P^n の (i, j) 成分が $P_n(i, j)$（$X_m = i$ なる条件下で $X_{m+n} = j$ となる確率）に等しい。

各ステップの単位時間

状態推移モデルにマルコフ過程を適用する場合の推移確率として，フォールトツリー解析（FTA）によって計算された生起確率[5-2]を用いる．その際，各状態推移にかかる時間が重要となる．

マルコフ連鎖において，時間の経過は推移確率行列を乗じた回数で表され，1回推移確率行列を乗じると，すべての状態において時間が1ステップ進むこととなる．したがって，各状態推移にかかる単位時間を同一にし，1ステップ毎の推移確率 p_{ij} を以下の式のように設定する．

$$p_{ij} = \frac{P_{Rij}}{T_{ij}} \tag{5.1}$$

ここに，P_{Rij} は FTA により求められた状態推移確率，T_{ij} は各状態推移にかかる時間であり，$T_{ij} = s\Delta t$（s はステップ数，Δt は1ステップ当たりの単位時間）による．

この1ステップ毎の推移確率を用いることにより，マルコフ連鎖で時間経過を正確に考慮した状態推移を計算することができる．ここで，マルコフ連鎖の推移図（図5.1）における推移確率行列は次のように表される．

$$P = \begin{pmatrix} 1 - \dfrac{1}{T_1} & \dfrac{1-p}{T_1} & 0 & 0 & \dfrac{p}{T_1} \\ 0 & 1 - \dfrac{1}{T_2} & \dfrac{1-q}{T_2} & 0 & \dfrac{q}{T_2} \\ 0 & 0 & 1 - \dfrac{1}{T_3} & \dfrac{1-r}{T_3} & \dfrac{r}{T_3} \\ 0 & 0 & 0 & 1 & 0 \\ 0 & 0 & 0 & 0 & 1 \end{pmatrix} \tag{5.2}$$

(b) 直列的推移モデルの状態方程式

衝突に至るまでに，推移図（図5.1）に示すように知覚，判断，操作のイベントが直列的に推移する場合には，λ_i をフェイズ i からフェイズ $i+1$ に至る瞬間推移率（定数）および γ_i をフェイズ i から衝突に至る瞬間推移率（定数）とす

ると，時間 t において衝突フェイズが i である存在確率 $q_i(t)$ ($i = 0 \sim 4$) に関する方程式は次式で与えられる[5-3]。

$$\frac{dq_i(t)}{dt} = -a_i\, q_i(t) + \lambda_{i-1}\, q_{i-1}(t) \tag{5.3}$$

ここに，$a_i = \lambda_i + \gamma_i$ ($i = 1 \sim 4$)，$\lambda_4 = 0$，$q_0(t)\lambda_0 \equiv 0$ である。さらに，初期状態は知覚フェイズであるので，$q_1(0) = 1$，$q_i(0) = 0$ ($i = 2 \sim 4$) である。

この微分方程式を解き，初期条件を考慮すると，次の解が得られる。

$$q_1(t) = e^{-a_1 t}, \quad q_i(t) = \lambda_{i-1}\, e^{-a_i t} \int_0^t e^{a_i t}\, q_{i-1}(t)\, dt \tag{5.4}$$

(5.4) 式で与えられる漸化式を逐次解くことにより，次の解が得られる。

$$q_n(t) = \left(\prod_{i=1}^{n-1} \lambda_i\right) \cdot \left(\sum_{k=1}^{n} \frac{e^{-a_k t}}{A_k}\right), \quad \text{ただし}\ A_k = \prod_{i=1,\, i \neq k}^{n} (a_i - a_k) \tag{5.5}$$

また，時間 t においてフェイズ i を失敗して衝突に至る累積確率 $p_i(t)$ ($i = 1 \sim 4$) は次の方程式により表される。

$$\frac{dp_i(t)}{dt} = \gamma_i\, q_i(t) \tag{5.6}$$

ここに，時刻 $t = 0$ では衝突に至ることは考えられないので $p_i(0) = 0$ ($i = 1 \sim 3$) である。

この微分方程式の解は，初期条件を考え合わせると次式で表される。

$$p_i(t) = \int_0^t \gamma_i\, q_i(t)\, dt \tag{5.7}$$

この式は (5.5) 式の結果を代入することにより，以下のようになる。

$$p_n(t) = \gamma_n \left(\prod_{i=1}^{n-1} \lambda_i\right) \cdot \left(\sum_{k=1}^{n} \frac{1 - e^{-a_k t}}{a_k\, A_k}\right) \tag{5.8}$$

(5.5), (5.8) 式より確率 $q_n(t)$, $p_n(t)$ を求めるためには，まず係数 γ_n, λ_n, および a_n を求めなくてはならない。そこで，n フェイズから衝突に至る場合における知覚から衝突までの平均時間を T_n とすると，次の関係が成り立つ。

$$T_n = \sum_{k=1}^{n} \frac{1}{a_k} \tag{5.9}$$

したがって，a_n は衝突までの平均時間より求めることができる．また，各フェイズにおいて失敗する確率を f_n とすると，$\gamma_n = a_n \cdot f_n$ となる．ここで，f_n には FTA で求めた生起確率値（文献[5-2]）を用いる．また，λ_n は a_n の定義より $\lambda_n = a_n - \gamma_n$ から求まる．

(c) 単位時間ステップによるマルコフ過程の妥当性

単位時間ステップの有限マルコフ連鎖による状態推移解析の妥当性を調べるために，衝突に至るまでのイベントが直列的に推移する場合について解き，状態推移確率方程式による解と比較する．

各フェイズの移行時間

単船モデルの例題を解くためには，航行する海域の状態，天候・気象，相手船との位置関係などさまざまな因子を含めたシナリオを作り，これに基づき各々のフェイズに要する時間を決める必要がある．

例として，静止対象物への衝突のシナリオを，船速は 20 knot とし，視覚環境良好，周辺海域に障害物は存在しない状況で，"1) 3 海里手前で，静止対象物を発見，2) 1 海里手前で回避の必要性がわかり，回避することを決定し，3) 回避行動の Standby 状態に入る，4) 0.5 海里手前で回避行動をとる，5) 回避行動を失敗したら衝突するであろう地点に到達" と設定する．なお，このシナリオは操船実務者に対するインタビューを行って決めている．

各々の過程にかかる時間 T_i は知覚からフェイズ $i+1$ に移行するのにかかる時間とすると，$T_1 = 6.0\,\text{min}$，$T_2 = 8.0\,\text{min}$，$T_3 = 9.0\,\text{min}$，となる．

この T_i をもとにして，状態推移の確率方程式を解いて求めた存在確率を図 5.2 に示す．これと単位時間ステップによる有限マルコフ連鎖を用いて，単位時間 1 秒として計算した結果は完全に一致して，マルコフ過程を用いた状態推移の計算法の妥当性が検証されている．

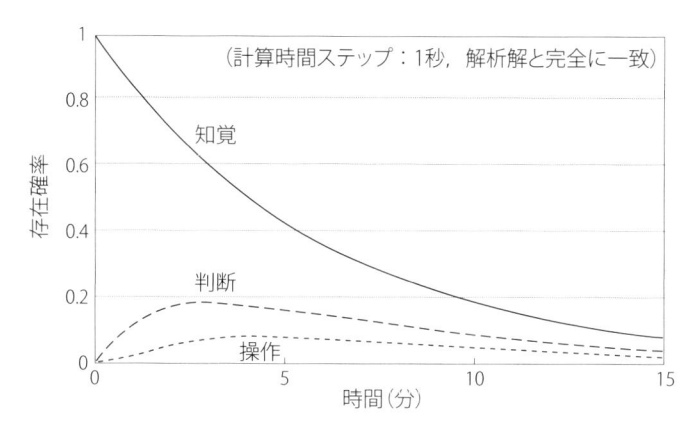

図5.2 マルコフ過程による状態推移の解析結果

(2) 衝突事故の状態推移

単船モデルの条件設定

　静止障害物との衝突が問題になる単船モデルとしては，(1)(a)において示した推移図を用いて計算することができるが，各フェイズに要する時間を決める必要がある。ただ，航行する海域の状態，天候・気象，対象との位置関係，船の大きさと種類などさまざまな因子により各フェイズに要する時間は異なってくる。

　ここでは，前述（3.2(1)項）の操船者の主観的危険度（SJ値）[5-4]を用いて，危険と安全の判断限界であるSJ値＝0が操船タイミングと密接に関係していることを根拠に，各フェイズに要する時間を決める。これは，「操船者は，経験的な船舶の操縦特性の知識から離岸距離と最短停止距離が一致する点を概ね"SJ値＝0"と判断し，"SJ値＝－0.5"で避航を決断する」とする船長らのアンケート回答[5-5]に基づいている。

　したがって，衝突シナリオにおける各フェイズに要する時間は，1）SJ値＝＋3の時点よりシナリオを開始し，2）知覚にかかる時間：SJ値＝＋3からSJ値＝0までの時間，3）判断にかかる時間：SJ値＝0からSJ値＝－0.5までの時間，4）

操船・操作にかかる時間：SJ値＝-0.5から衝突するまでの時間，とする。なお，この場合には海象・気象による影響を受けないものとする。

以上の条件をもとにシナリオを作成する。計算例として，内航LPGタンカー（総トン数749トン，船速10 knot）の場合におけるSJ値と各フェイズに要する時間との関係を表5.1に示す。

表5.1　各フェイズにおける距離と時間の関係

フェイズ	SJ値	対象までの距離(m)	時間(分)
知覚	+3	9400	0
判断	0	5270	11.1
操作	-0.5	4580	16.6
衝突	—	0	30.6

時間経過に伴い緊張ストレスを変化させた場合

実際の操船中では緊張ストレスはつねに変化するが，その要因は数多くある中でも，時間的余裕が主な要因であることがわかっている。ここでは，この時間的余裕と密接に結び付いている操船者の主観的危険度（SJ値）から求められる環境ストレス値を用いて緊張ストレスを表現し，そのストレスの変化をマルコフ連鎖による状態推移で考慮して解析する。

解析では，次の2種類の操船環境モデルを想定し，これらの航路を運航するときの環境ストレス値を用いて状態推移を計算した。この場合には，操船者はその操船環境を許容"危険限界"の限界に保持するように，感覚的または経験的に船速を制御するものと考える。

　　［航路-A］目標岸壁以外には何も存在しない航路（図5.3(a)）

　　［航路-B］目標岸壁の前に防波堤が存在する航路（図5.3(b)）

この2ケースの環境ストレス値の時間変化を図5.4に示す。ここでは環境ストレス値の4段階の危険感，1) 0～500："問題ない"，2) 500～750："やや危険"，

3) 750〜900："危険限界"，4) 900〜1000："破局的危険"を，人的過誤の生起確率（HEP）に関係[5-5]（表3.1に示す）する4段階のストレスレベル，1) 低い＝"問題ない"，2) 適当＝"やや危険"，3) 高い＝"危険限界"，4) きわめて高い＝"破局的危険"，と対応させて各フェーズの推移確率を決め，各操船環境モデルにおける状態推移を推定している．

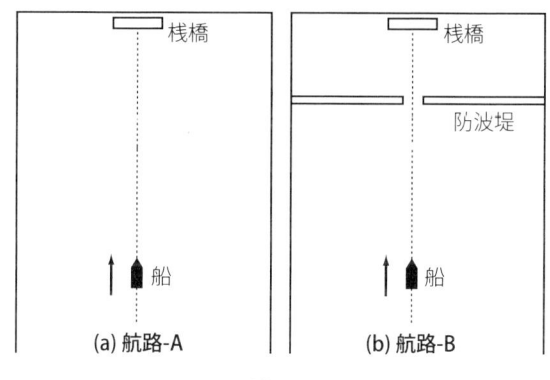

図5.3　試算のための航路

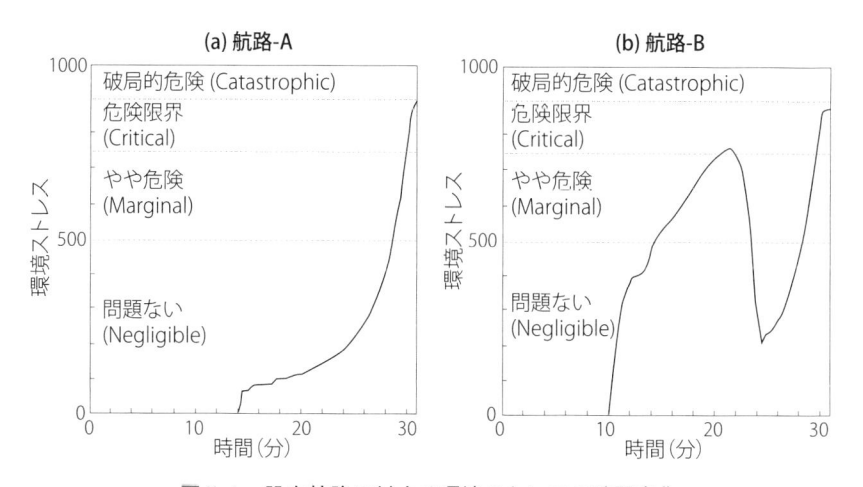

図5.4　設定航路に対する環境ストレスの時間変化

なお，環境ストレス値の時間変化は，防波堤が存在する［航路-B］は存在しない［航路-A］に比べ環境ストレス値が早く上昇し，［航路-B］では防波堤通過後に海面が開けるために環境ストレス値が一度降下している．

図5.5は各航路における「知覚」「判断」「操船・操作」段階の存在確率および累積確率を示す．これらの結果では，各航路とも操船者が操船環境を"危険限界"の域内に保持するように船速を制御するものと仮定していることにより，存在確率にはあまり差が現れていない．またこの計算例では，［航路-B］における防波堤の存在では環境ストレス値が"やや危険"程度しか上昇しないので，

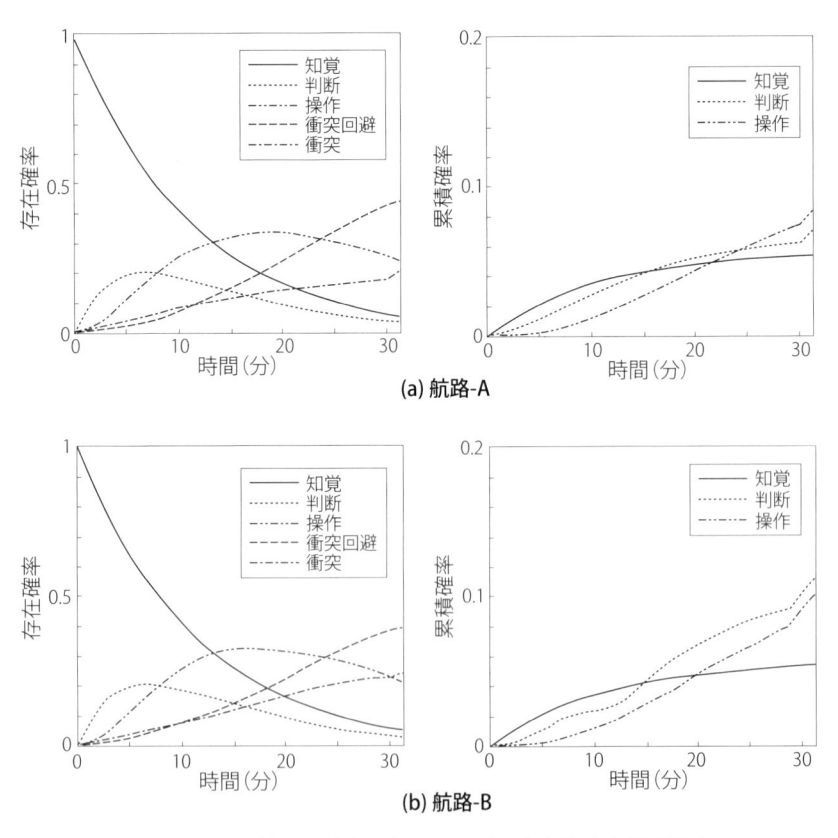

(a) 航路-A

(b) 航路-B

図5.5　設定航路に対する各フェイズの存在確率と累積確率

［航路-A］と［航路-B］の累積確率はほとんど変わらない。ただ，［航路-B］では，「判断」段階の累積確率が［航路-A］より早くわずかに高くなっており，これは「判断」段階に過誤が起こりやすいために「操船，操作」段階に至らないことを意味し，判断失敗による衝突に至る確率が高いことを表している。

これらの計算結果から，危険感のある航路では，「判断」段階における支援対策の必要性が高いと考えられる。

出会い船との衝突事故の状態推移モデル

出会い船同士の衝突事故における状態を推移するためには，出会い時の関係をもとに2船衝突の状態推移モデルを作成する。このモデルは，海上衝突予防法に従い，2隻の動力船が互いに進路を横切る場合には，他の動力船を右舷側に見る動力船は避航船となり，もう一方の船は針路や速力の保持船の役割を考慮したもので，状態推移モデルは図5.6のようになる。その他の取り扱いは単船モデルと同じである。

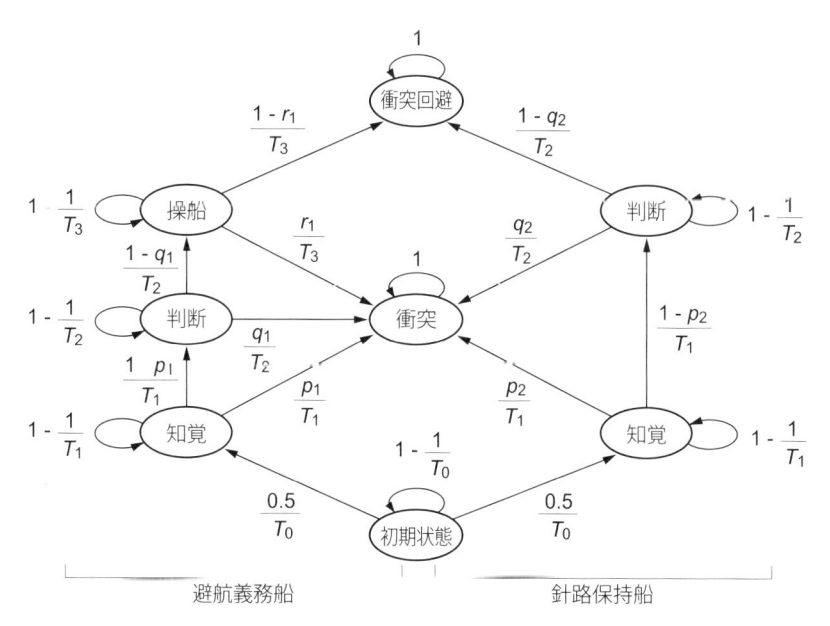

図5.6 出会い船同士の衝突事故の状態推移モデル

3.2(2)項で述べたように，避航船のフォールトツリー（FT）は図3.8のように表されて衝突事故の生起要因は，「知覚」「判断」「操船」の各段階に存在するが，一方，保持船では"警告なし"と"協力動作とらず"が主要因のため「操船」段階は関与しないと考えられる。したがって，一般に操船判断は避航船のほうが保持船より難しいことになり，失敗の生起確率も4割ほど高くなる。しかし，このことを考慮して状態推移を計算しても両船の存在確率にはあまり差がないが，避航船の判断段階における累積確率が保持船より高くなり，避航船の判断失敗によって衝突事故が起こりやすいことがわかる。

（3）安全対策とその効果

（a）衝突事故と人的要因[5-6]〜[5-9]

衝突事故の原因[5-7]を見ると，47.5％が「見張り不十分」となっており，「航法不遵守」（19.3％）がこれに続き，この2つを合わせると，全原因の66.8％を占めている。その他に，信号不吹鳴9.8％，服務に関する指揮・監督の不適切7.3％，速力の選定不適切6.5％，報告・引き継ぎの不適切3.8％，灯火・形象物の不表示2.3％，となっている。

そのうち，「見張り不十分」では，船舶438隻について衝突時の状況を見ると，衝突直前まで相手船を認めていなかったものが316隻（72.1％），動静監視不十分であったものが122隻（27.9％）である。動静監視を行わなかった理由としては，相手船が避けると思ったものが42隻（9.6％），相手船の針路を憶断したものが34隻（7.8％），相手船の速力を憶断したものが15隻（3.4％），第三船やその他に気を取られていたものが10隻（2.3％）などとなっている。

「航法不遵守」に分類される事故とは，相手船を認知して衝突の可能性を知りながら，衝突を避けるための適切な措置をとらなかったものである。遵守されなかった航法を見ると，「船員の常務不全」が最も多く，「横切り船の航法」と「視界制限状態における船舶の航法」がそれに続いている。

Normanのスキーマ理論による事故原因の分類

衝突事故の原因は人的過誤によるものが大部分を占めているが，これらをNormanの人的過誤に関するスキーマ（認知の枠組み）理論[5-10]によって分類すると以下のようになる。

[A] 情報抽出段階におけるエラー
　　(A-1)　見張り不十分
　　(A-2)　居眠り
　　(A-3)　計器での探知失敗
　　(A-4)　灯火・形象物の不表示
　　(A-5)　環境要因（視界が悪いなど）
　　(A-6)　服務の指揮監督の不適切
　　(A-7)　レーダー監視不十分

[B] 目的決定のエラー（目的，遂行方法の選択時の誤り）
　　(B-1)　航法不遵守
　　(B-2)　信号不吹鳴
　　(B-3)　判断失敗
　　(B-4)　気象・海象への配慮不十分
　　(B-5)　服務の指揮監督の不適切
　　(B-6)　動静監視不十分
　　(B-7)　運航管理の不適切

[C] 意図記述のエラー（意図の未認識による行動による誤り）
　　(C-1)　動静監視不十分
　　(C-2)　相手の動きの予測を間違えて行動
　　(C-3)　報告引き継ぎの不適切

[D] 意図されていないスキーマ（慣習化などによる）の活性化によるエラー
　　(D-1)　回避の必要時に安全だと判断
　　(D-2)　無理な操縦

(D-3) 速力の選定不適切
(D-4) 水路に対する配慮不足
(D-5) 機器の故障
(D-6) 思い込みによる命令の不伝達

[E] スキーマの不活性による行動の制御力喪失エラー
(E-1) 異常心理
(E-2) 運転技術拙劣
(E-3) 気象・海象の急激な変化
(E-4) 訓練態勢不備

[F] 誤った時点（不適切なタイミング）でのスキーマの活性化によるエラー
(F-1) 操船開始時の判断ミス
(F-2) 命令を出すタイミングの判断ミス

　これらにより5.1(1)項で述べた衝突事故を分類すると，2大事故原因のうち「見張り不十分」が情報抽出・処理段階の［A］および［C］に属し，「航法不遵守」は判断段階の［B］および［F］に属する。このことは，事故防止策としては情報抽出・処理の支援および判断材料の提示に重点を置く必要があることを示している。

(b) 衝突防止対策

　情報抽出・処理の支援対策としては，a) レーダーの二重化，b) ウインカーの設置（停止表示などを含む），c) 形象物の簡略化，船灯の改善（漁船・ヨット対策として），d) 見張りのシステム・方法の改善，などがあり，判断材料提示の対策としては，e) 気象情報の入手法の改善，f) GPSのレーダーとの併用，g) 航海支援装置，などが考えられる。この他に，h) 当直システムの改善（最適の人数配置など），i) 勤務態勢の整備（命令伝達系統の整備など），j) 航路の見直し（航法の一本化など），k) 船内通信機器の整備，l) 安全教育，訓練態勢の整備，などが衝突防止のための対策として挙げられる。

これらの対策が実際に事故の生起確率を下げることができるかについて，船舶運航の実務経験者にインタビューを行った。その結果と事故の状態推移解析より判断段階の対策の必要性が高いこととを考慮して，次の対策を候補とし，その有効性を調べる。

　　［対策1］安全教育，訓練態勢の整備

　　［対策2］当直システムの改善

　　［対策3］灯火・船灯の改善

　　［対策4］ウインカーの設置

　　［対策5］レーダーの二重化

　　［対策6］自動衝突予防支援装置（ARPA）と電子海図（ECDIS）の設置

なお，［対策3］と［対策4］は法制化されて出会い船も設置している場合を想定し，［対策6］は航海支援のためすでに採用されている代表的な装置[5-11]の例である。

(c) 事故対策の効果

選出した6種の対策が，衝突事故を引き起こす基本事象にどの程度の効果をもたらすかを運航経験者の意見などをもとにして推定した。ここでは，各対策が基本事象の生起に対して，［A］きわめて効果がある（生起確率が90％低下すると仮定），［B］かなり効果がある（50％低下），［C］やや効果がある（20％低下），［D］まったく効果がない，と4段階の効果に分類した。たとえば，［対策1～6］に対し，基本事象"監視不十分"では［A，A，D，D，D，A］，"行動開始の判断ミス"では［A，C，B，A，B，B］としている。

次に，6種の対策を講じた場合について，「知覚」「判断」「操船，操作」の各段階において失敗が起こる生起確率の変化率を計算し，さらにこれらの結合から成る「回避行動失敗」（衝突）の生起確率の低下率を図5.7に示す。

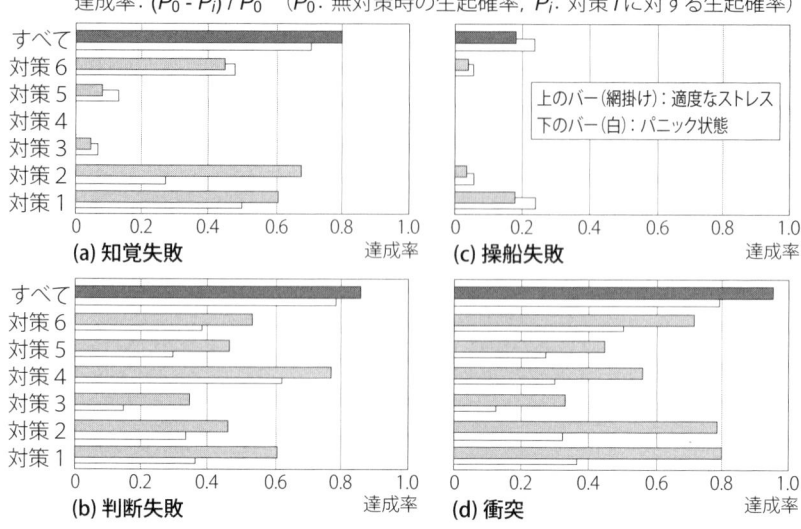

達成率: $(P_0 - P_i)/P_0$ （P_0: 無対策時の生起確率, P_i: 対策 i に対する生起確率）

上のバー（網掛け）：適度なストレス
下のバー（白）：パニック状態

(a) 知覚失敗

(b) 判断失敗

(c) 操船失敗

(d) 衝突

図 5.7 対策による衝突事故の生起確率の低下率

この結果より，状態推移解析において高いストレスレベルでは衝突に至る累積確率が増えて問題視されるフェイズ"判断"の失敗に対する達成率 $A = (p_0 - p_i)/p_0$（p_0, p_i は無対策時および対策 i に対する生起確率）は，［対策1］［対策4］［対策6］が大きい．衝突事故の対策としては従来から強化が要望されている［対策1］［対策2］［対策6］に大きな効果があることがわかる．また，パニック状態になると対策の効果が薄れる．

5.2　液体荷役作業の緊張と自動化の効果

ここでは，内航タンカーの荷役時における荷役責任者の心拍変動を計測し，スペクトル解析により緊張ストレスの算定とタスク分析を行い，緊張ストレス環境下において作業負荷の軽減と人的過誤生起の減少を目的とする液体荷役操作支援システムを構築するための分析過程について説明する．これには，荷役操作時のタスク負荷による緊張ストレスの発生状態の把握から，荷役オペレー

タの緊張ストレスが高い作業を抽出し[5-12]，緊張緩和に対する荷役支援装置の効果について調べ，事故防止面からの自動荷役システムのあり方について考察する。

(1) 液体荷役作業と緊張ストレス

(a) 液体荷役作業の過程

　内航タンカーの運航サイクルの中で，液体荷役操作はその作業の多様性において乗組員の高いスキルと作業の量的負担が要求される部分であり，船種や取り扱い油種にかかわりなく通常は，1) 積み荷役，2) タンクヒーティング，3) 揚げ荷役，4) タンク洗浄またはガスフリーの繰り返しとなる。荷役作業の過程と要配慮事項は以下の通りであり[5-13]，インタビューなどで調べた各作業項目の負荷を［A］：少ない，［B］：普通，［C］多い，に分別して示す。

I. 荷役準備作業

　　カーゴタンクおよびポンプルーム内の各機器，関係用具の点検整備を行った後に，カーゴタンクとラインアップの状態を点検する［B］。
　　重質油の揚げ荷役の場合は流動を容易にするためにヒーティングするが，揚地との事前の打ち合わせにより，品質管理上ヒーティングの要否や温度限界を決める［B］。

II. 荷役打ち合わせ・確認

1) 積み荷書類の確認と送油量などの打ち合わせ：積み荷役の場合は積み荷指示書，揚げ荷の場合は送り状により自船と陸側とで相互に確認し，荷役順序，送油（液）の流速または圧力，とくに初期および末期における送油（液）量について，打ち合わせと品名の確認を行う［C］。

2) 積み荷役の場合の検査：積み荷役を行う場合，積み地で定められている安全規則により，カーゴタンク内の検査を，陸側と船側責任者が立ち会いで行う［C］。

3) 揚げ荷役の場合の検査：揚げ荷役を行う場合は，カーゴタンク各開口部の封印の検査と取り外しを陸側と船側責任者立ち会いで行う［B］。この検査が終了後に必要に応じてオイルタイトハッチなどの開口部を開いてサンプルを採取するほか，検尺，検水，検温，密度測定を行い，積み荷に異常がないことを確認した上で揚げ荷役を開始する［C］。

4) 内航タンカー設備点検簿と船舶荷役安全確認表を提出する［B］。

III. 積み荷役・揚げ荷役

各種の立ち会い検査，積み荷役関係の書類受け渡し［A］，作業員の配置の確認［B］，荷役開始の船内周知［B］などがなされ，陸側荷役関係者と緊密な連絡の後，荷役が開始される。

1) ローディングアーム・カーゴホースを取り付ける［C］。

2) 荷役関係バルブの開閉：ポンプルームを含むカーゴラインのバルブのすべては常時正しく閉鎖しておき，作業計画に基づいて順次必要なバルブから開放する［B］。

3) 荷役の開始：陸側責任者に受け入れ・送り込み準備完了を連絡してから，相互に荷役作業開始を確認し［B］，陸側関係者が所要のバルブを開放して積み込み・揚げ荷役を開始する［B］。

4) 陸側タンクの切り替え：バルブ開閉の時点に誤操作が無いように陸側責任者と緊密に連絡する［C］。

引火点が61°C以下の危険物の荷役中は，機関室または船内喫煙室などのガス検知を一定時間毎（安全規則では30分毎）に行い安全を確認する［B］。

IV. 荷役完了作業

検尺を陸側と船側責任者が立ち会いのもとで行い，相互で数量を確認する［B］。

積み揚げ地での船側マニフォールドと，陸側配管との接続部の陸側ロー

ディングアームの立ち上がり部分，あるいはカーゴホースの中の残油（液）払いをするためにエヤー押し（ライン払い）を行う［C］。積み荷役の場合は，陸側より窒素押しなどでライン払いを行う［B］。

　最後に，荷役関係の全バルブの閉鎖を確認し，ローディングアーム・カーゴホースの取り外しを行い［C］，その後ボンディングケーブルを外す［B］。さらに開口部の蓋を閉鎖する。

(b) 荷役自動化の照準とシステム機能

　荷役作業の安全性確保のために自動荷役システムの機能要件を決める考え方は，あくまで想定内作業への心的負担のレベルの軽減を目標としている。ここでは，荷役作業中の想定外の事態の発生による乗組員への過剰な心的負担の発生の防止を第二の設備目標とし，自動荷役システムの主たる機能要件を決定するための第二の観点について述べる。

　機側手動による従来型荷役においても，想定外の事態の生起を未然に防止するためには，実際の荷役操作に入る前段階において，荷役責任者による最適な荷役計画の策定と乗組員への周知が不可欠となる。

荷役計画と操作制御

　主たる荷役作業に先立って，安全確保のために荷役作業の途中および荷役最終段階（出航段階）での船舶の姿勢，喫水，船体強度，スタビリティおよび各貨物油タンク積み付け率などの系列的な推移を正確に予測する荷役計画が不可欠となる。かつ輸送効率の向上を追求するために，とくに大型外航タンカーでは油種および品種毎のネット搭載要求数量（荷役要求）を満足した上で，貨物油タンクの空倉容量（Dead Freight）の最小化を実現する積み付け計画（タンク割り付け計画）も重要な策定作業である。この，いわゆる荷役計画線図（シナリオ）の策定支援も自動荷役システムの主たる機能要件の一つである。

液体荷役の自動化要件

　液体荷役の自動化において，システム荷役計画・制御・操作の中で荷役作業の

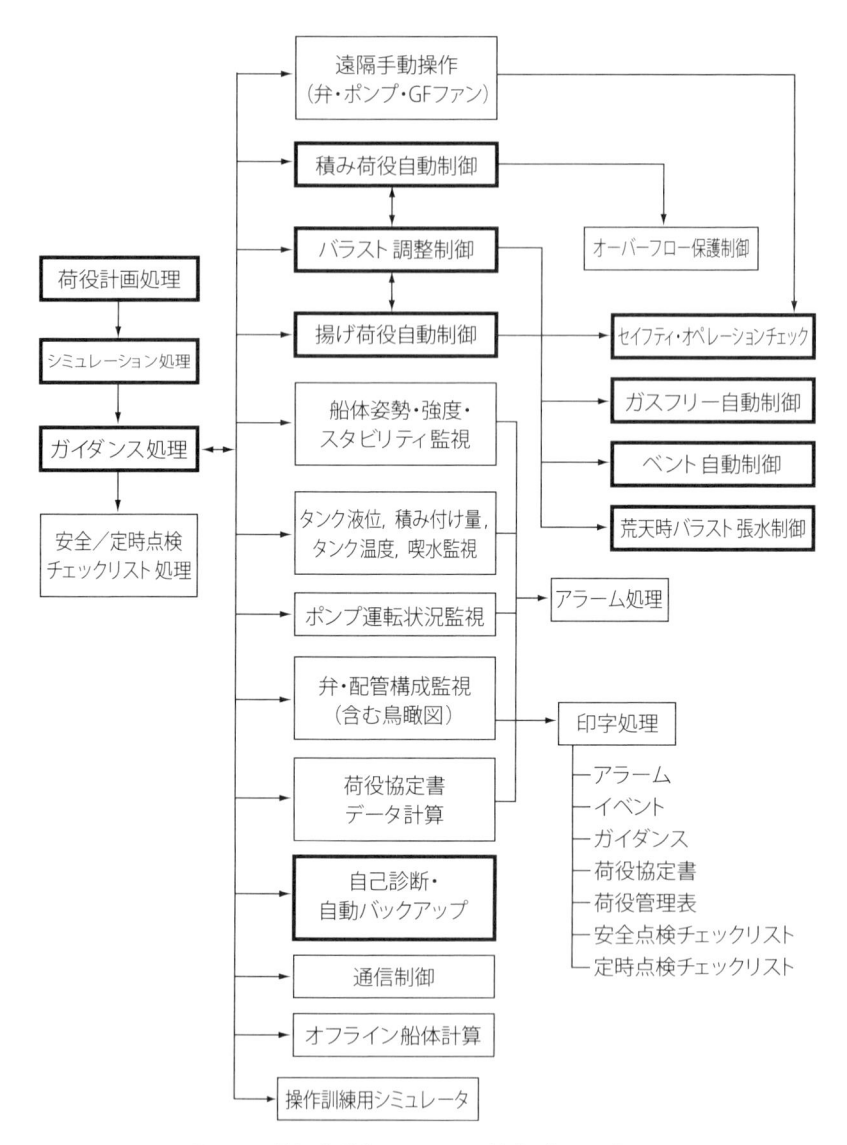

図5.8　荷役自動化システムの機能ダイヤグラム

［第5章］緊張下の状態推移と事故防止対策　109

核となる部分は，船種と取り扱い荷油によって当然異なってくるが，前述の想定外の事態の発生を防止するために，タンクヒーティングを含めた荷役業務に対する荷役操作計画（シナリオ）を策定することになる。このシナリオが精緻であれば，その荷役操作シナリオに沿った操作支援・自動制御機能のシステム化とそのシナリオからの逸脱時の適切な対案提示機能のシステム化により，想定外の事態の発生を防止するにはより有効である。つまり，基本的には荷役要求に対する最適荷役計画支援機能によって策定された時系列のシナリオに沿ってコントロール機能とワーニング機能が稼働することで，荷役効率・安全性を共に高めることになる[5-14]。

<u>荷役自動化システムの機能</u>

前述のように荷役計画・制御/操作支援機能の中で核となる部分は，船種や取り扱い荷油により異なることを考慮し，さらに実船上での荷役実態調査，経験者へのヒアリング結果を勘案している。これは，荷役計画，荷役準備，荷役とバラスト操作，後始末および航海中のタンク洗浄，タンクヒーティング，荒天時の緊急バラスト調整など通常の全荷役サイクルの支援を網羅した図5.8に示すシステム機能の装備を目標とする。

（2）荷役時における心拍変動計測

作業時における人間の緊張ストレスのレベルを知るために，オペレータの心電図を計測し，スペクトル解析による心拍変動の分析によって自律神経の活動を把握し，生理・心理的負担を算定する。

（a）機側手動のタンカー

<u>計測対象船の荷役装置</u>

荷役時の心電図計測を行った内航タンカー"A丸"（載荷重量5225トン）は，バルブなどの荷役操作は機側手動が中心であり，タンク測深データの集中表示および一部の荷役弁のみの遠隔操作機能を持つ荷油装置を備えている。荷役に

おける送液流量は荷役制御室（Cargo Control Room，以下CCRと記述）から循環弁の遠隔操作により調節可能となっているが，その他の弁の開閉は作業員の機側でのハンドル操作によっている．

この船の貨油タンクは6列の左右舷タンクであり，荷役責任者はほぼ5.2 (1) (a)で述べた液体荷役作業過程に従って操作・命令などを行っている．

機側手動による荷役作業

荷役責任者である一等航海士（Chief Officer，以下C/Oと記述）の心理・生理的負担を把握するために，揚げ荷役・積み荷役時のC/Oの心拍変動を計測した．C/Oは，CCRとトランシーバーで指示・応答などを行いながら，作業員に随時指示を出して荷役作業を統括するのが主任務である．また，目視によるタンク内液面の確認もC/O自らが行っており，さらに離岸時においては連結パイプやホースの受け渡し作業などを他の作業員と協同で行っている．ただし，C/Oは荷役作業が定常的な状態に入ると任務を交代し，自室にて休息をとることがある．

作業過程における緊張度

揚げ荷役時における荷役責任者C/Oの心電図を計測し，これにより算出したSNS値とPNS値を主なイベント項目と合わせて図5.9 (a)に示す．なお，計測は緊張度が高い積み切り操作を含む後半の45分について行った．

積み荷役時について，着桟から積み荷役作業，荷役完了（後仕舞い）作業に至る全サイクル約5.5時間の計測を行い図5.9 (b)のようになるが，荷役開始時に高緊張状態が見られる．

これらのSNS，PNS値を比較したグラフより以下のことがわかる．

1) 揚げ荷役時においては，ハッチよりタンク内の確認時（イベント[B]，[C]，[D]，[E]），または油圧計のチェック時（イベント[A]，[F]）にSNS値が上昇している．これは，C/O自らによるタンク内状態を知覚・確認する重要性によって高い緊張状態であることを示している．

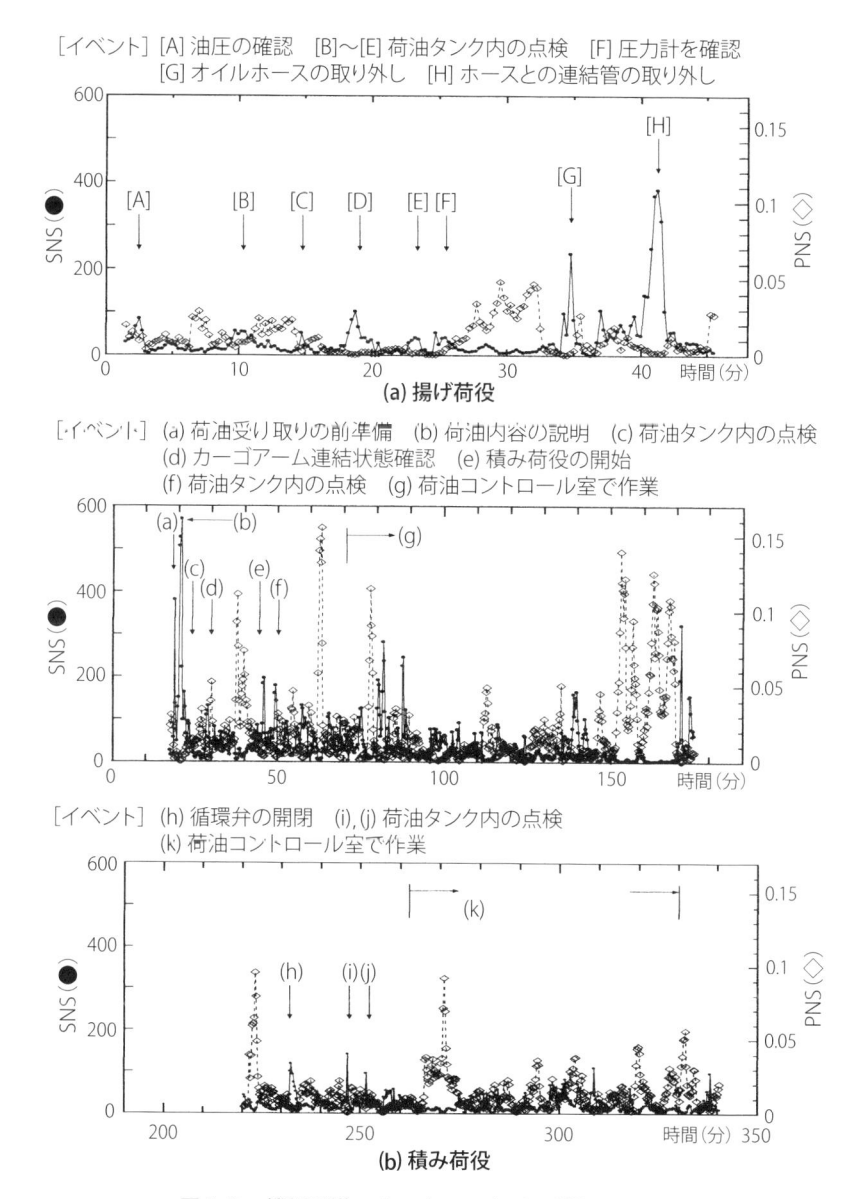

[第5章] 緊張下の状態推移と事故防止対策 111

[イベント] [A] 油圧の確認　[B]〜[E] 荷油タンク内の点検　[F] 圧力計を確認
　　　　　 [G] オイルホースの取り外し　[H] ホースとの連結管の取り外し

(a) 揚げ荷役

[イベント] (a) 荷油受け取りの前準備　(b) 荷油内容の説明　(c) 荷油タンク内の点検
　　　　　 (d) カーゴアーム連結状態確認　(e) 積み荷役の開始
　　　　　 (f) 荷油タンク内の点検　(g) 荷油コントロール室で作業

[イベント] (h) 循環弁の開閉　(i),(j) 荷油タンク内の点検
　　　　　 (k) 荷油コントロール室で作業

(b) 積み荷役

図5.9　機側手動のタンカーにおける緊張ストレス

2) 荷役作業終了時におけるホースの切り離し（イベント [G]），ホース・パイプの受け渡しの段階（イベント [H]）では，非常に高い SNS 値を示している。これらの作業では，残油漏れに対する注意，重いホース移動などの力作業という起因に加えて，終了後すぐに出航という時間的な制約や天候（計測時は非常に強い雨）によって緊張度が増したものと考えられる。

3) 積み荷役時においては，荷役作業前の船陸ミーティング（イベント (a)），荷役内容の説明時（イベント (b)）に非常に高いストレスを感じている。荷役作業を安全かつ円滑に行うために，作業員に荷役作業情報を的確に伝えることが非常に重要な緊張を要する仕事であると言える。

4) その他，ローディングアームの接続（イベント (d)）やタンク受け入れ準備のバルブ操作（イベント (h)）など，作業初期段階での作業に SNS 値の上昇が目立っている。

以上より，荷役作業においては初期の準備段階と後半の後仕舞い段階において緊張度が高くなり，作業が安定した荷役の定常状態に入ると比較的ストレスを感じることが少ないことがわかった。

荷役作業の各作業項目についての SNS 値を示したものが図 5.10 であり，ここでは各作業の RMS（二乗平均平方根）値，最高値，最低値[5-14]を示している。これらのグラフから以下のことがわかる。

1) 揚げ荷役時においては，「ホース切り離し作業」「残油処理」「ホースの受け渡し」の作業は全体的に SNS 値が高い傾向にあり，RMS 値も他の作業に比べて高い値になっている。荷役終了後の後片付け作業は手作業で行わなければならず，また時間的な制約もあり，高緊張状態が続くことがわかる。

「油圧計確認」「トランシーバーでの応答・確認」「作業員に対する指示」「タンク内確認」における SNS 値は高い値から低い値まで幅広く分布している。とくに，「トランシーバーでの応答・確認」時においてはその時々

の通話内容により緊張状態が変わってばらつきが顕著である。比較的重要度の低い応答確認ではSNS値は低い値となるが，タンク積み切りなどのタイミングが重要な応答では緊張度が高くなっている。これらの作業では，一部の時点においてのみ非常に高いストレスを感じているが，RMS値は低い。

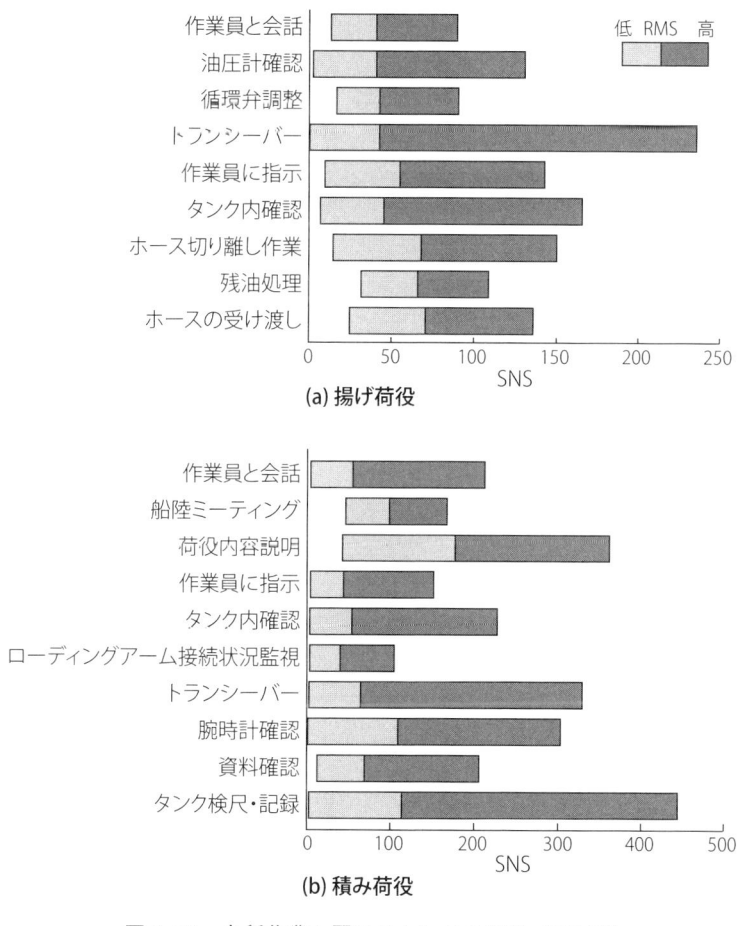

(a) 揚げ荷役

(b) 積み荷役

図5.10　各種作業と緊張ストレスの関係（RMS）

2) 積み荷役時においては，「船陸ミーティング」「荷役内容の説明」のSNS値が全体的に高く，RMS値も高くなっている。このことからも，荷役前における打ち合わせ作業は非常にストレスのかかる重要なタスクであることがわかる。「トランシーバーでの応答・確認」「腕時計による時間確認」「タンク検尺・記録」におけるSNS値は幅広く分布している。理由は揚げ荷役時の作業項目と同様に，その時点での状態によって左右されるためである。

3) 揚げ荷役と積み荷役の作業を比較すると，いずれの作業内容も積み荷役時のほうが高いSNS値を示しており，RMS値も「作業員に指示」以外は高い値となっている。このことから全体的に積み荷役の作業は緊張度が高いことがわかる。

(b) 自動化システム搭載タンカー

計測対象船の荷役システム

荷役自動化システム[5-15]搭載の内航タンカー"B丸"（載荷重量4999トン）は貨油タンクが5列の左右舷タンクであり，荷役責任者はA丸のC/Oと同一人物である。この人を被検者として荷役時の心電図計測を行った。

　この船は，荷役計画，荷役準備，荷役操作，バラスト操作，後始末および航海中のタンク洗浄，タンクヒーティング，荒天時の緊急バラスト調整などの通常の全荷役サイクルの支援を網羅した，図5.8に示すシステム機能構成の荷役自動化システムを搭載している。

　このシステムの支援機能は，緻密な荷役計画とこの計画に沿った各荷役操作の遂行支援および計画に基づく荷役関連操作の進捗に対する阻害要因への効果的な対応にあり，1)操作シナリオ策定・検証の自動化，2)シナリオに沿った荷役操作進捗の自動化，および3)シナリオに沿った進捗に対する阻害要因への自動的な対処，または4)オペレータへの告知・対処方法の呈示などの機能が盛られている。

　一方，システムを構成するハードウェアユニットの単体故障によるオペレー

タの混乱を防止して，荷役の継続性を担保するために，システムハードウェア構成は，1) 貨物油タンク液面計，マニフォールド圧力計，喫水計，傾斜計などの重要センサーの二重化，あるいは2) ソフト演算機能によるバックアップ処理により主系データ異常時の待機系データへの自動切り替えを実行する。また3) 1台でシステムの全機能を担保可能なホストコンピュータとCRTの3セットを二重化されたネットワークで統合し，高い稼働率を確保する。加えて，4) 船内電源喪失時におけるポンプ類の自動停止，弁類の現状ポジション維持機能を有し，さらに5) UPSによるホストコンピュータ/CRTおよび貨物油タンク液面計の電源バックアップを可能とし，余計な混乱による事故の防止を図っている。

自動化システムの荷役作業

C/O（A船と同一人物）は，主に荷役制御室（CCR）で作業を行い，甲板上の作業員とトランシーバーにて指示・応答・確認を行っている。CRTに表示されたガイダンスを荷役責任者（C/O）が確認していくことにより，荷役作業の制御が自動的に進捗する。ただし，C/Oは荷役作業が定常段階に入ると任務を交代し，自室にて休息をとる。また，離岸時においては，パイプ・ホースの受け渡し作業などを他の作業員と協同で行っている。

作業過程における緊張度とタスク負荷

積み荷役時の全荷役サイクル約6時間についてC/Oの心電図計測を行い，主なイベント項目とそのSNS, PNS値を合わせて，図5.11に示す。なお，自動制御による荷役作業のために，荷役操作は機側手動が中心であるA丸の場合と作業内容がかなり異なっている。

これらのSNS, PNS値を比較したグラフより以下のことがわかった。

1) 積み荷役時においては，デッキ上での打ち合わせ（イベント(a)）やデッキからCCRへの移動中（イベント(b)）に，SNSは高い値を示している。また荷役準備（ホースの移動・接続を含む）（イベント(a)）やスタッフミーティング時（イベント(c), (d)）が高いSNS値となっており，このことは揚げ荷役時も同じ傾向にある。自動化システムにより，荷役計画

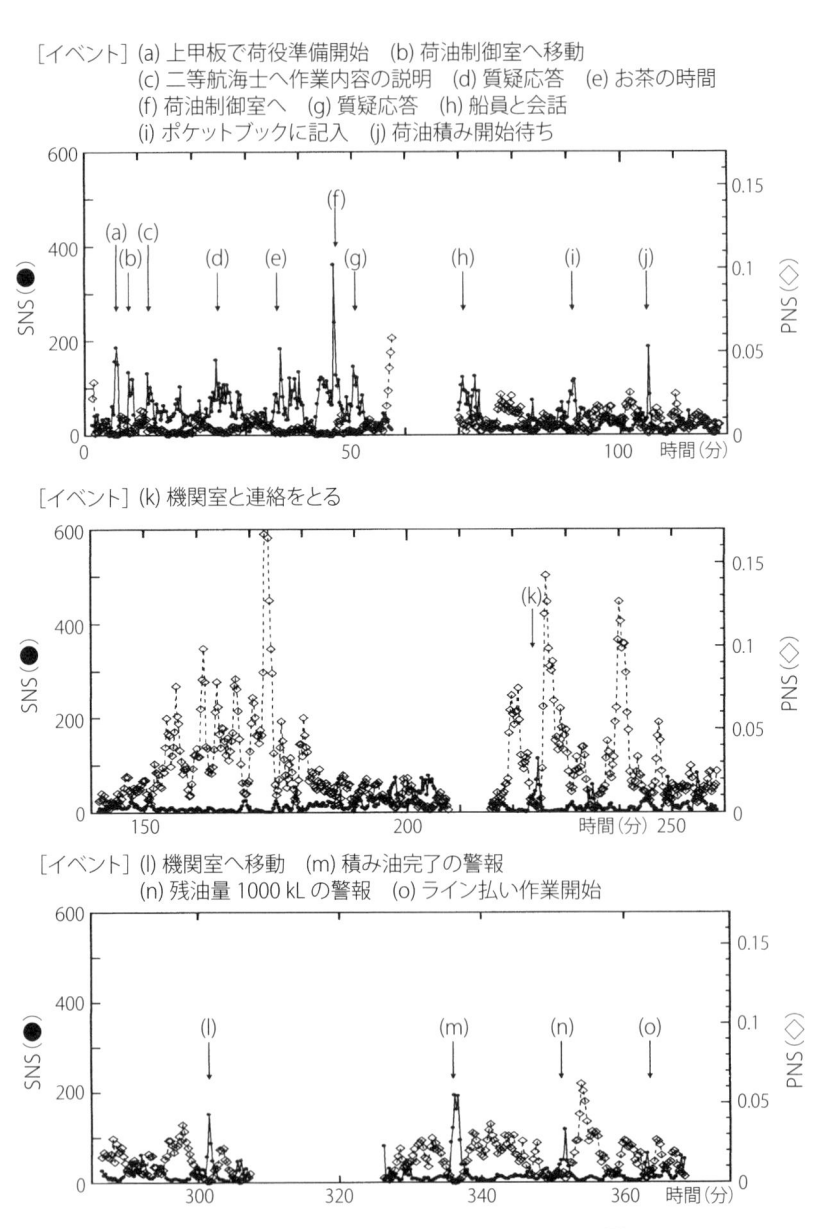

[イベント] (a) 上甲板で荷役準備開始　(b) 荷油制御室へ移動
　　　　　(c) 二等航海士へ作業内容の説明　(d) 質疑応答　(e) お茶の時間
　　　　　(f) 荷油制御室へ　(g) 質疑応答　(h) 船員と会話
　　　　　(i) ポケットブックに記入　(j) 荷油積み開始待ち

[イベント] (k) 機関室と連絡をとる

[イベント] (l) 機関室へ移動　(m) 積み油完了の警報
　　　　　(n) 残油量 1000 kL の警報　(o) ライン払い作業開始

図 5.11　荷役自動化システム搭載タンカーにおける緊張ストレス

や事前準備支援が行われているために，機側手動での荷役ほど高緊張状態になることは少ないものの，荷役準備作業や作業員への情報伝達を行う際（イベント(c), (h)）の緊張度は機側手動でのタンカー荷役時と同じく比較的高いSNS値を示している。

2) 荷役操作が安定した通液状態に入り，CCR内だけで作業を進めることができる段階になると，緊張を感じることは少なく，SNS値から非常に安定した精神状態で作業を進めていることがわかる。ただし，積み切り直前などの重要な時点では，システムからの指示により緊張を喚起される（イベント(m), (n)）ために，その都度SNSは高い値となっている。

3) 計測結果によると，荷役サイクル全体にわたりSNS値が非常に高くなることは稀であり，安定した緊張度で作業を行っていることがわかる。また，積み切り直前などの重要な操作段階では，システムからの状況報告や警告による注意の喚起により，低緊張状態で起こりやすいミス防止に有効に働いていると考えられる。

以上より，自動荷役時におけるストレス要因は，機側手動の場合の要因から"油圧とタンク状態の確認""油種の説明""荷役弁の開閉""タンクレベルの計測""荷役手順の誤り""操作の遅れ"および"荷役手順書の信頼性"を除いたものと考えられ，これらの項目に対して自動化システムが作業支援をしたものとなっている。

(3) 緊張ストレス低減に対する荷役自動化の効果

機側手動による荷役作業と自動化システムによる荷役作業において，両者の作業項目がかなり異なるため，作業項目ごとの比較が困難であるため，平均SNS値によって比べる。

(a) 荷役作業の緊張度比較

 両方式による積み荷役時における着桟後から荷役準備，さらに定常通液に至る120分間における10分ごとの平均SNS値を求め，図5.12に示す。これらの10分平均SNS値を見ると，20分から60分にかけては自動化システムのほうが比較的高い値を示しているが，その後は低い値となっている。このことから，自動化システム方式では着桟後1時間内の船陸ミーティングを含む打ち合わせ荷役準備段階において，非常に高いSNS値を示す時点はないものの，荷役責任者はある程度緊張感を持った状態にあることがわかる。

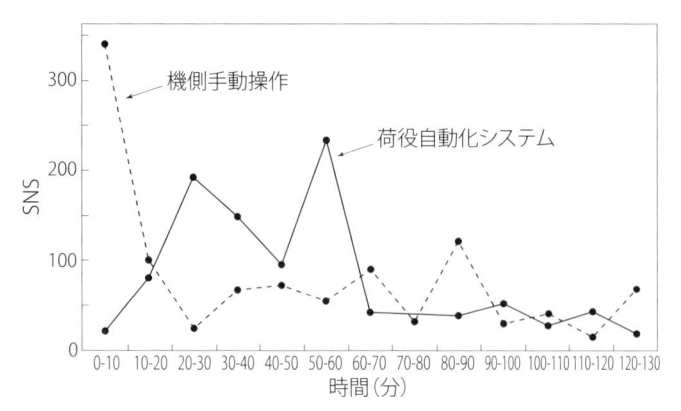

図5.12　着桟後から荷役準備，定常通液に至る120分間のSNS値
（10分間平均値）

(b) 荷役自動化の緊張度低減への寄与

 機側操作方式と自動化システムによる荷役作業において発生する緊張ストレスの比較により，荷役自動化システムがある程度緊張度の低減に寄与していることがわかる。さらに，これが人的過誤による事故生起の頻度低下につながることが期待される。
 この荷役自動化システムによる緊張度低減の効果は，1) 荷役計画時には，自己学習型荷役計画支援機能，計画内容の事前シミュレーションによる確認機能，

および荷役準備段階の点検チェックリスト提供などにより，2) 荷役中では，積荷計画に基づく荷役制御，油面計による監視，システムによる監視・警報などの有効な作用により，3) 荷役終了時には，状態確認機能の作動により，荷役責任者や操作員の大幅な負担軽減から生じている。

　ただ，荷役自動化システムでは図 5.12 から明らかなように，着桟後から荷役準備，定常通液に至る約 1 時間では比較的高い緊張度を示している。このことから，着桟後 1 時間内の船陸ミーティングを含む打ち合わせ荷役準備段階において，荷役責任者はある程度緊張感を持った状態にあり，自動化システムでは補完できない作業種に対する支援機器が必要である。

第6章　リスク解析

"リスク"とは一般に「機器やシステムなどに生じる人的・物的損失の可能性」と定義され，その定量的な尺度として［損失事象の生起確率］P_nと［損害の大きさ］C_nの関数であり，最も簡単には生起確率と損害の積$R_n = P_n \cdot C_n$によって与えられる。リスクの低減や安全の確保のためには，対象の機器やシステムに発生する事故・災害の予測解析およびそれに対する改善策や事故対策を検討することがリスク評価であり，以下の順序で行われる。

1) 対象とするハザード（人的・物的損失を引き起こす潜在力）を同定・識別する。
2) 事故の誘因から結果に至る推移をETA，FTAなどで生起確率を推定し，また損失を工学的手法により解析し，リスクを推定する。
3) リスクを低減するために，損失事象の生起確率と損害の大きさに対する減少対策を検討する。

本章では，まず火災時の避難安全性を例に，ハザードを同定して安全性の判定を行うために，煙層降下および避難者数，避難距離を考慮した避難経路の危険度を指標化することを試みる。次に，リスク低減対策を策定し，安全性を確保するには経済的負担を伴うが，何らかの負担の限度を定める必要がある。これを人的・物的損失の評価額と過誤対策のコストにより，損失期待値の最小化などから安全レベルを設定するリスク解析について述べる。

6.1 人的要因を考慮した火災時の避難安全性

　船舶，海洋構造物において火災が発生した場合，燃焼に伴う高温の火熱だけでなく，火源から急速に広がる煙が人命安全上の脅威となり，これを回避する安全対策が必要である．火災時の避難安全性を確保する方策を考える上での難しさは，火災現象や煙流動の複雑さに加え，緊急時の人的要因が事態の進展にきわめて大きく影響することである．ここでは年齢別の歩行特性を考慮した群集流の行動モデルを基本として，非常時の反応行動である煙層降下による歩行速度の低下や思考遮断[6-1][6-2]の状態生起を組み込んだ避難モデル[6-3]～[6-6]について説明する．とくに火災時のシナリオは多くの要因を含むために多種考えられ，解くべき代表的なシナリオの選択と結果の解釈の仕方が問題となる．ここでは指標化した避難経路の危険度を定義して，シナリオや避難設備の違いによるリスクを明確にする．

(1) 避難計画にかかわる人的要因

　避難計画には，火災時に混乱や迷いが起こらないような避難動線計画を立て，全空間要素の許容量と流量を検討した上で各開口部の幅員を決定し，さらに防火，防煙対策をはじめ非常照明などの適正配置，内装材の不燃化を行って安全に避難できる限界時間の延長を図ることが必要である[6-3][6-4][6-7]．

(a) 避難時の心理状態と行動

避難行動の傾向

　火災時の人間の行動はさまざまであるが，一般的な習性として帰巣本能，退避本能，指光本能，追従本能，左回り本能がある．この他に，開かれた空間のほうを目指す，混迷の度がひどくなると狭い隅のほうに逃げ込む傾向などが行動に出る[6-5]．

　この中でとくに問題となるのは追従本能であり，客船などでは正確な避難経路を認識していない乗客が多いことを考えると，パニック状態が発生し，また

誤った避難路を選択した集団に追従した場合には多くの犠牲者が出る可能性がある。つまり，明確な避難経路の表示や的確な避難誘導がとくに重要であるといえる。

避難開始までの行動

人間が火災を知覚し，避難開始するまでの時間は，区画の管理状況，火災報知器の設置状態，通報・伝達システムの信頼性などに依存している。とくに，非常ベルによる通報では，日頃から誤作動やいたずらなどの非火災報に曝されることが多く（陸上のデータでは100回に1回が正しい火災報と言われる），誤報の判断や確認のために避難行動への移行が遅れるケースが多く見られる。

緊急時の情報処理プロセス

火災などの緊急時における心理情報処理[6-6]は，3.1(1)項で述べたように，i) 理解スクリプトの活性化，ii) 状況予期と再定義，iii) 行為スクリプトの活性化，iv) 情動のコントロール（内的対応）と外部環境への対応，の過程による。さらに，iv)の対応により生じた喚起と情動により，現状認知のモニターおよび時間や判断能力などの資源の効率的な配分のための制御が行われ，ii)へフィードバックされる。ただし，ii)での状況予期が厳しい結果の場合には，恐怖の情動のみ卓越して思考遮断状態となりパニックが起こる。

なお，情報処理の各プロセスの生起状態を推定するために，過去の大規模火災（陸上）事例に関する避難行動の分析データ[6-8][6-9]を参考にした。

遮断状態での行動

火災時のような緊急時の避難行動において，煙あるいは火勢を見たりすると，自分の行動判断がつかない思考遮断状態に陥ることがある。この場合には動けなくなったり，パニックを起こして，逃げ遅れてしまう危険性がある。そのため，思考遮断状態の発生の可能性を考慮して避難安全性の評価をする必要がある。

なお，思考遮断状態の発生を回避するためには，火災・避難訓練などにより理解スクリプトや行為スクリプトを増やし，対応行動への移行を容易にする必

要がある．

(b) 歩行速度

平均歩行速度

　避難行動シミュレーションでは年齢層に応じた歩行速度を必要とするので，日本人の平均歩行速度データ[6-10]から，歩行が遅く判断力の弱い9歳以下の低年齢層，10歳〜59歳の青年・成人層，歩行は遅いが判断力のある60歳以上の高年齢層の3グループに分類すると，平均歩行速度はそれぞれ1.0 m/s，1.3 m/s，1.0 m/sとなる．

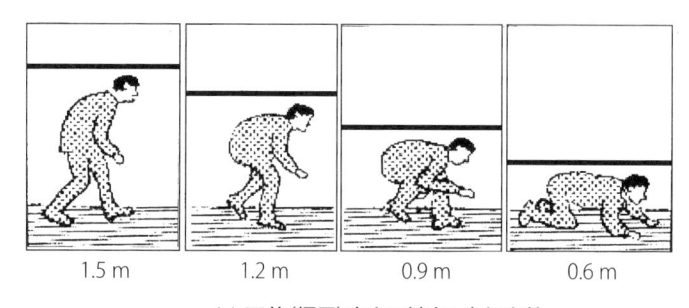

(a) 天井(煙層)高さに対する歩行姿勢

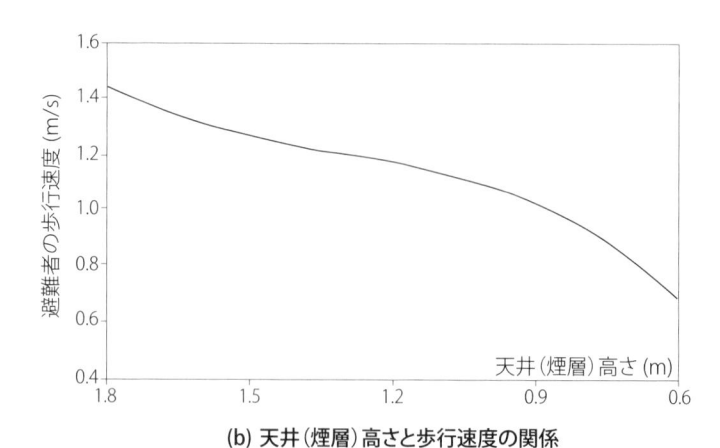

(b) 天井(煙層)高さと歩行速度の関係

図6.1　煙層高さと歩行速度の関係

煙層降下に伴う歩行速度の変化

人間の歩行速度は歩行姿勢に影響を受けて変動する。火災時の煙層降下に伴って歩行姿勢に制約を受けることにより，歩行速度がどのように変化するかを調べる模擬歩行実験を行い，その結果を図6.1に示す。

(2) 避難シミュレーションと安全性評価

(a) 避難モデルの概念

火災時に避難者が基本的には避難口に向かって避難するものと仮定して，避難者の滞留の発生や各空間通過に要する時間などを考慮した避難状態を予測するための避難行動モデルを考える[6-3]。

避難者モデル

避難開始時点では避難者はすべて移動できるものとし，避難者全体を歩行（移動）速度に応じて前述の3グループに分け，それぞれ異なる初期歩行速度を設定する。これによって避難者の行動能力のばらつきを群として盛り込むとともに，模擬実験より得た煙層降下による歩行速度の低下も考慮した避難モデルとする。なお，介護が必要な身障者や病人がいる場合には，これらで最低速グループを構成する。

避難空間モデル

避難空間としては，火災時に避難者が存在する空間，避難者が移動する空間および最終避難場所となる空間を扱い，避難に関係がない場所は除くことにする。このモデルでは，(i)初期時に避難者が存在し，出口が1つ以上ある空間（居室，オフィス，劇場など）を用途空間，(ii)入口と出口ともに1つの空間（廊下など）を通路，(iii)入口と出口の合計が3つ以上の空間（ホール，ロビーなど）を合流空間，および(iv)入口のみで最終避難場所となる空間を避難空間として設定する。

また，避難者が移動する空間に複数の出口がある場合には，その空間で避難

者の退出が最も早く終了するように自動的に避難者の通過量を配分する．

(b) 避難シミュレーションの計算法

避難行動の設定

避難行動に要する時間は，避難開始時間，避難者の歩行速度および用途空間における避難者の滞留の発生などに大きく左右される．たとえば，避難時の歩行速度は，避難者の行動能力，避難者の密度，経路の視認の程度，心理的状態などにより決まる．

計算例では，避難者の3つのグループに対して，居室や廊下などの水平部の初期歩行速度は年齢層に基づいた平均歩行速度とし，火災進展に伴う煙層降下による歩行速度の低下を考慮するために，避難過程で各グループの歩行速度を煙層高さに応じて再設定することにする．

ただし，階段部では各グループとも水平部速度の50％を歩行速度とし，狭い出口や階段などで多人数が退出しようとして起こる滞留は開口部流動係数を設定して滞留の発生の有無を判断する．なお，開口部流動係数は水平部において1.5（人/m/s），階段部では1.3（人/m/s）とした．

避難者の移動計算[6-3]

i) 用途空間において出口へ迂回型経路で到達する場合

オフィス，劇場など室内に机などがある場合には，避難者は出口に直進できず，図6.2(a)に示すような迂回型の経路で出口に到達するものと仮定する．この場合の避難開始から時間t(s)までに出口に到達する避難者数N（人）は次式で表せる．

$$N = n_0 \frac{(ut)^2}{2} - n_0 \frac{(ut-a)^2}{2} H_v\left[t - \frac{a}{u}\right] \\ - n_0 \frac{(ut-b)^2}{2} H_v\left[t - \frac{b}{u}\right] \quad (6.1)$$

ここに，a，bは用途空間の2辺の長さ(m)，uは避難者の歩行速度(m/s)，n_0は用途空間内の初期避難者密度(人/m²)であり，$H_v[x]$はHeaviside階

(a) 迂回型経路　　　　**(b) 直進型経路**

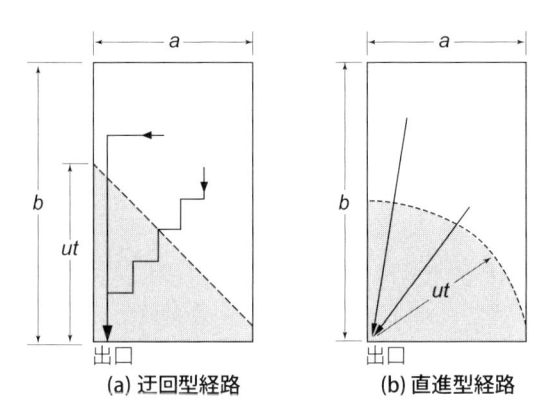

図 6.2　用途空間内の避難経路

段関数を表す。

ii) 用途空間において出口へ直進型経路で到達する場合

　ディスコのように用途空間内に歩行の障害となるような物がない空間では，避難者は図6.2(b) に示すように出口に直進し，直進型の経路となるものと仮定する。避難開始から時間 t までに出口に到達する避難者数 N (人) は次式で表せる。

$$N = n_0 \frac{\pi(ut)^2}{4} - \frac{n_0}{2}\left\{(ut)^2\theta_1 - aut\sin\theta_1\right\} H_v\left[t - \frac{a}{u}\right]$$
$$- \frac{n_0}{2}\left\{(ut)^2\theta_2 - but\sin\theta_2\right\} H_v\left[t - \frac{b}{u}\right] \quad (6.2)$$

ただし，$\theta_1 = \cos^{-1}(a/ut)$, $\theta_2 = \cos^{-1}(b/ut)$

iii) 用途空間における滞留時の避難者の移動

　用途空間に複数の出口がある場合には，避難者は滞留の少ない出口を選択して移動すると考えられるため，滞留を最短時間で解消する時間 $t_{\mathrm{exit,min}}$ は次式で与えられる。

$$t_{\mathrm{exit,min}} = \frac{\sum_i N_{\mathrm{exit},i}}{\sum_i m_{\mathrm{exit},i}} \quad (6.3)$$

ここに，$m_{\text{exit},i}$ は出口 i の避難者流出速度（人/s），また $N_{\text{exit},i}$ は移動前の出口 i の滞留量（人）である。

したがって，用途空間の滞留が最も早く解消するような各々の出口への滞留の分配量は次式で表される。

$$N^*_{\text{exit},i} = m_{\text{exit},i} \cdot t_{\text{exit},\min} \tag{6.4}$$

ここに，$N^*_{\text{exit},i}$ は移動後の出口 i の滞留量（人）である。

iv) 通路内の避難者の移動

通路内の移動の計算は，避難者の移動方向に対してその空間を $u\Delta t$ の長さ毎に分割する。ここで，Δt は計算の時間間隔であり，計算では各時間ステップ毎に分割した通路の避難者を出口側に移動させる。

v) 合流空間内の避難者の移動

合流空間内の入口と出口は各々仮想の通路によって連結されているものとみなし，空間内では避難者が仮想の通路内を，iv) の移動と同様に，出口に向かって移動するものと考える。

なお，合流空間に複数の入口と出口がある場合には，各々の入口から空間に流入した避難者は，各出口までの距離，避難者の流入速度，避難者滞留量を考慮して，最短時間で退出できると予想される出口を選択し移動するものと仮定する。

vi) 避難空間内の避難者

避難者は避難空間に到達した時点で避難終了とみなし，それ以降の移動は考慮しない。

vii) 避難完了の判定

避難空間内に流入した避難者数が初期避難者数に達した時点をもって避難完了とする。

(c) 煙流動シミュレーション

　火災進展に伴う煙層降下による歩行速度の低下や思考遮断を考慮するために，煙流動シミュレーションを並行して行う必要がある．ここでは，煙層の界面形成を考慮した上部の高温煙層部と下部空気層とを仮定する2層ゾーンモデル[6-11][6-12]を用いて行う．以降，田中らの解析式を参考にして，2層ゾーンモデルによる解析の概略を述べる．

　2層ゾーンモデルでは，各区画内の煙層と下部空気層の各ゾーンに対して質量，化学種，エネルギーの収支関係，気体の状態式などから導かれる化学種の濃度，区画内ガス濃度およびゾーンの体積を与える状態方程式を考慮する．

化学種の濃度収支方程式

　ゾーン内部の既存量，境界を通して流出入およびゾーン内部での化学反応（燃焼）による生成・消費による化学種kの質量分率（濃度）に関する収支方程式は，ゾーン内の気体の質量収支と化学種（酸素，二酸化炭素，一酸化炭素，水分，窒素）の収支より次式のように表される．

$$\rho V \frac{dw_k}{dt} = \sum_j (w_{i,j} - w_k)\dot{m}_j + \dot{n}_k \quad (6.5)$$

ここに，tは時間(s)，ρはゾーンの気体密度(kg/m^3)，Vはゾーンの体積(m^3)，$\dot{m}_j$はゾーンの境界から流出入する気体の質量流速(kg/s)であり，添字jは対象空間に隣接する空間を意味し，$\sum$は流出入が生じる隣接空間の境界における状態量の和をとるものとする．また，w_kは化学種kの質量分率(kg/m^3)，$\dot{n}_k$はその化学種の生成速度(kg/s)であり，酸素では消費のため負値となり，窒素では0である．

区画内ガス温度の状態方程式

　ゾーン内に流出入する熱エネルギーおよび仕事について考え，これに相変化のない場合の熱量関係と火災により生成される燃焼ガスの比熱値がその組成の違いにかかわらず大きく差異がないと考え，さらに一般に居住区画のようなある程度隙間のある空間では圧力変化が小さいものと仮定すると，区画内ガス温

度の状態方程式は次のようになる。

$$c_p \rho V \frac{dT}{dt} = \dot{Q}_H + \Delta H \dot{m}_b + c_p \sum_j (T_j - T)\dot{m}_j \tag{6.6}$$

ここに，$\dot{Q}_H$ は熱発生および熱伝達によりゾーンに加わる正味の熱量(kW)，c_p は空気の平均比熱(kJ/kg·K)，T は温度(K)を表す。また，ΔH は単位燃焼量あたりの原系と生成系のエンタルピー差(kJ/kg)，$\dot{m}_b$ は燃焼速度(kg/s)であり，c は流入気体の比熱であるが c_p で近似する。

ゾーンの体積の式

燃焼ガスと空気の状態式は実際的にはあまり差がないと考え，さらにある程度の隙間のある空間を対象として圧力変化項を無視すれば，(6.6)式より次式を得る。

$$c_p \rho_s T_s \frac{dV_s}{dt} = \dot{Q}_{H,s} + \Delta H \dot{m}_{b,s} + c_p \sum_{j \in s} T_j \dot{m}_j \tag{6.7}$$

ここに，s は上部層を示す添字である。また，下部層の体積は区画の体積から上部層の体積を減ずることにより得られる。

(d) 避難安全性の判定

一般に避難者が避難中に煙に曝されなければ，安全に避難完了する可能性が高いが，避難者が煙に曝されるかどうかは，煙の流動状態と避難経路に関するさまざまな要因が絡んでいる。そこで，煙流動シミュレーションと避難シミュレーションを行い，その結果を重ね合わせて安全性を判定することとし，そのための危険度の定義を以下のように行う[6-13]。

火災時の避難行動では，その避難経路の選択により危険度が増すと考えられる。ここでは，各区画からの避難者数，煙層降下と遮断状態に伴う歩行速度の低下および避難距離を考慮して，時刻 t における避難経路の危険度を次の指標で定義する。

$$R_{ev} = \sum_{i=1}^{N} \sum_{j=1}^{G} [1 - r_{i,j}(t)] \left[\frac{m_{i,j}(t)}{M}\right] \left(\frac{x_i}{L}\right) \tag{6.8}$$

ここに，$r_{i,j}$ は歩行速度の変化率 ($=u_{i,j}(t)/u_j^0$) であり，$1-r_{i,j}$ は煙による危惧の度合を意味するものと考える．なお，u_j^0 は避難者 j グループの初期歩行速度 (m/s) であり，$u_{i,j}(t)$ は i 区画内の j グループに属する避難者の時間 t における歩行速度である．また，N は区画数，G は避難グループ数，$m_{i,j}$ は i 区画内の j グループに属する避難者の人数，M は総人数である．さらに，x_i は各区画中心から最終避難口までの避難距離，L は全区画から避難口までの距離の総計である．

この指標 R_{ev} が大きいほど危険性が高いこと，つまり避難経路や船室配置または防煙対策に問題があることを示す．なお，$R_{ev}=1.0$ は全員が避難場所から最も遠い区画に居て，煙により致死状態にあることを意味する．

(3) クルーズ客船における避難シミュレーション

(a) 解析モデル

避難シミュレーションは，図6.3に示すクルーズ客船の3層甲板区画における避難行動を解析の対象とした．各甲板の区画配置と乗客・乗員422名の初期配置を同図に示すが，公共区画が大半であり，利用客が多い時間帯 Day Boat (昼間の船客・乗員配置) 時の火災発生を想定した．火災は，C甲板の網掛け部分から発生したものとし，乗客・乗員は想定した避難行動のシナリオに従い，C甲板にある2カ所の避難口を目指し，避難行動をとるものとする．

各用途空間内における避難者の避難開始の遅れが避難完了時間や安全性にどれだけ影響するかを調べるために，図6.4に示すような4種の避難行動のシナリオを想定した．なおシナリオ0は理想状態であり，大型客船ではありえない．

クルーズ客船の船客・乗組員の人数と年齢を仮定して3グループに分け，その各グループの人数構成比と歩行速度を表6.1のように設定し，煙層降下による歩行速度の低下の割合は実験に基づき表6.2に示すように決めた．

Upper Promenade Deck（A甲板）

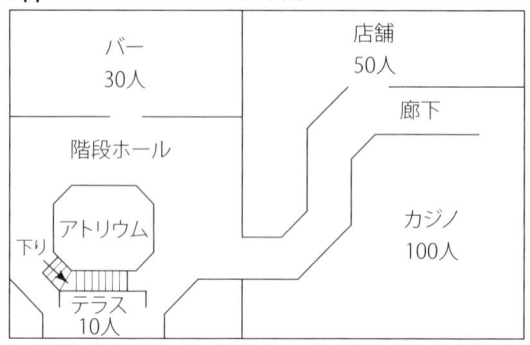

- バー 30人
- 店舗 50人
- 廊下
- 階段ホール
- アトリウム
- 下り
- テラス 10人
- カジノ 100人

Promenade Deck（B甲板）

- オフィス 10人
- 劇場 200人
- 階段ホール
- アトリウム
- 下り
- 廊下

Lower Promenade Deck（C甲板）

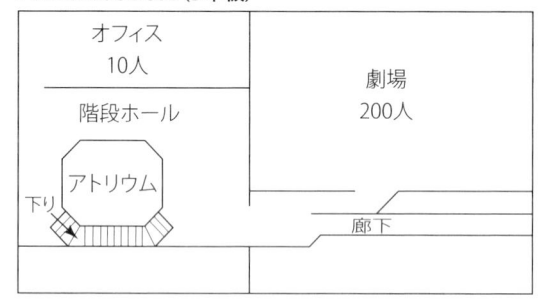

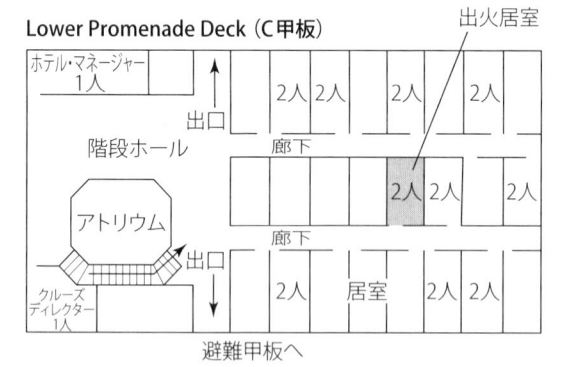

- ホテル・マネージャー 1人
- 出口
- 階段ホール
- アトリウム
- クルーズディレクター 1人
- 出口
- 廊下
- 居室
- 出火居室
- 2人（各居室）
- 避難甲板へ

図6.3　客船Aの公共区間の配置図

[第6章] リスク解析

シナリオ0

火災室
火災室のある甲板（C甲板）
火災室と異なる甲板（A/B甲板）

0　60　120　180　240　300　時間(秒)

シナリオ1

火災室
火災室のある甲板（C甲板）
火災室と異なる甲板（A/B甲板）

0　60　120　180　240　300　360　420　時間(秒)

シナリオ2

火災室
火災室のある甲板（C甲板）
火災室と異なる甲板（A/B甲板）

0　60　120　180　240　300　360　420　480　540　時間(秒)

シナリオ3

火災室
火災室のある甲板（C甲板）
火災室と異なる甲板（A/B甲板）

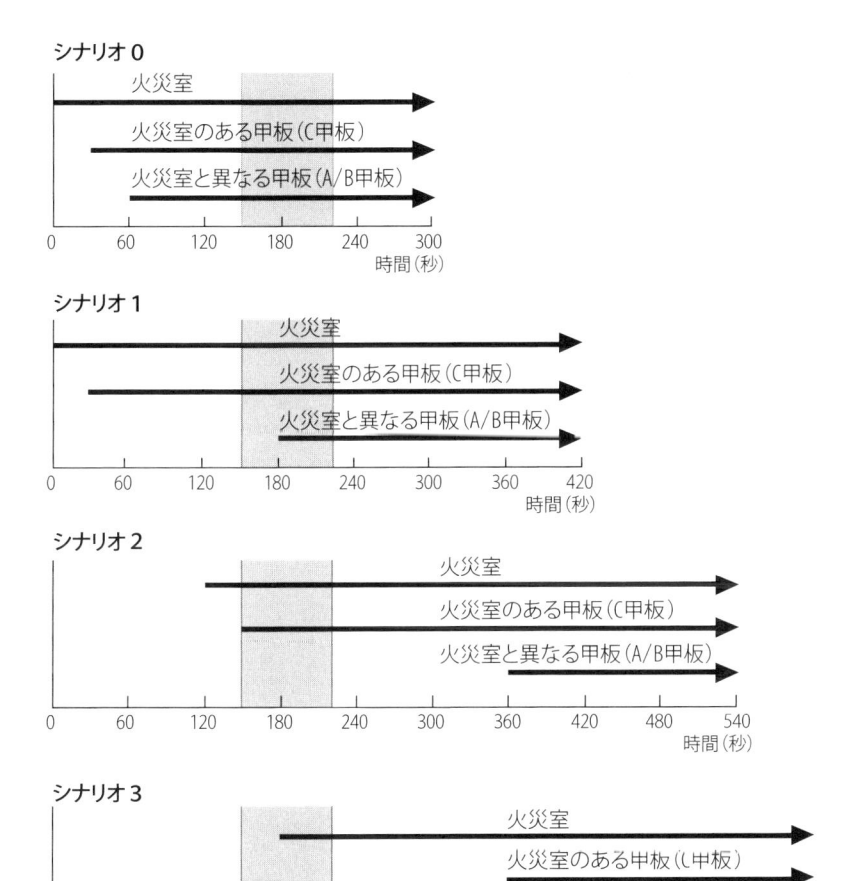

0　60　120　180　240　300　360　420　480　540　600　時間(秒)

図6.4　避難行動のシナリオ

表 6.1 避難者の各グループ構成比と歩行速度

項目	避難者		
	A グループ	B グループ	C グループ
構成率	30.8 %	52.3 %	16.9 %
歩行速度	1.3 m/s	1.3 m/s	1.0 m/s
思考遮断の生起	なし	発生	なし

表 6.2 通常歩行速度に対する避難速度の比

煙層高さ	避難者		
	A グループ	B グループ	C グループ
1.5 m	88 %	88 %	88 %
0.9 m	72 %	10 %	72 %
0.6 m	10 %	10 %	10 %

(b) シミュレーションの結果

　煙流動は 2.3 (2) 項で述べたゾーンモデルの式に基づき数値シミュレーションを行った．その結果から各甲板のホールと廊下の煙層高さの時間的推移を図 6.5 に示す．計算結果では，火災発生後 150 秒で A 甲板ホールの煙層高さが 1.5 (m) に低下し，220 秒では A 甲板ホールの煙層高さが 0.9 (m) および A 甲板の廊下の煙層高さが 1.5 (m) まで低下しているが，他の空間内の煙層高さは避難行動に対しとくに問題とならない．

　避難行動の数値シミュレーションを次の4ケースについて行い，人的要因の影響を調べた．

(a) 歩行速度を一定にした場合
(b) 煙層降下による歩行速度の低下を考慮した場合
(c) 煙層降下による歩行速度の低下と B グループのみの遮断状態の発生を想定した場合
(d) 煙層降下による歩行速度の低下と全グループの遮断状態の発生を想定した場合

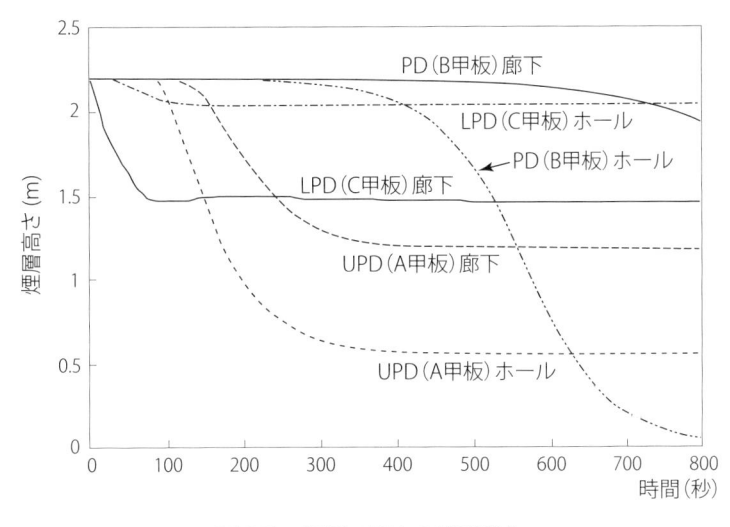

図 6.5 煙層の高さの時間変化

なお, (b) , (c) , (d) の場合,図6.5に示す煙層高さの計算結果より,火災発生後150秒でA甲板ホール,220秒でA甲板のホールと廊下での歩行速度が低下するものとした。

煙層降下による歩行速度の低下を考慮した場合について,避難行動の数値シミュレーションを行い,シナリオ4における避難状況を図6.6に示す。この避難状況は,非火災階の避難開始時点ですでにA甲板ホールの煙層高さが0.9 (m)に達しているために,歩行速度が低下し,避難完了にきわめて遅れが生じて危険な状態になっている。

| (a) 避難開始時 | (b) 420秒後 | (c) 450秒後 |

避難者: ○ グループA　● グループB　△ グループC

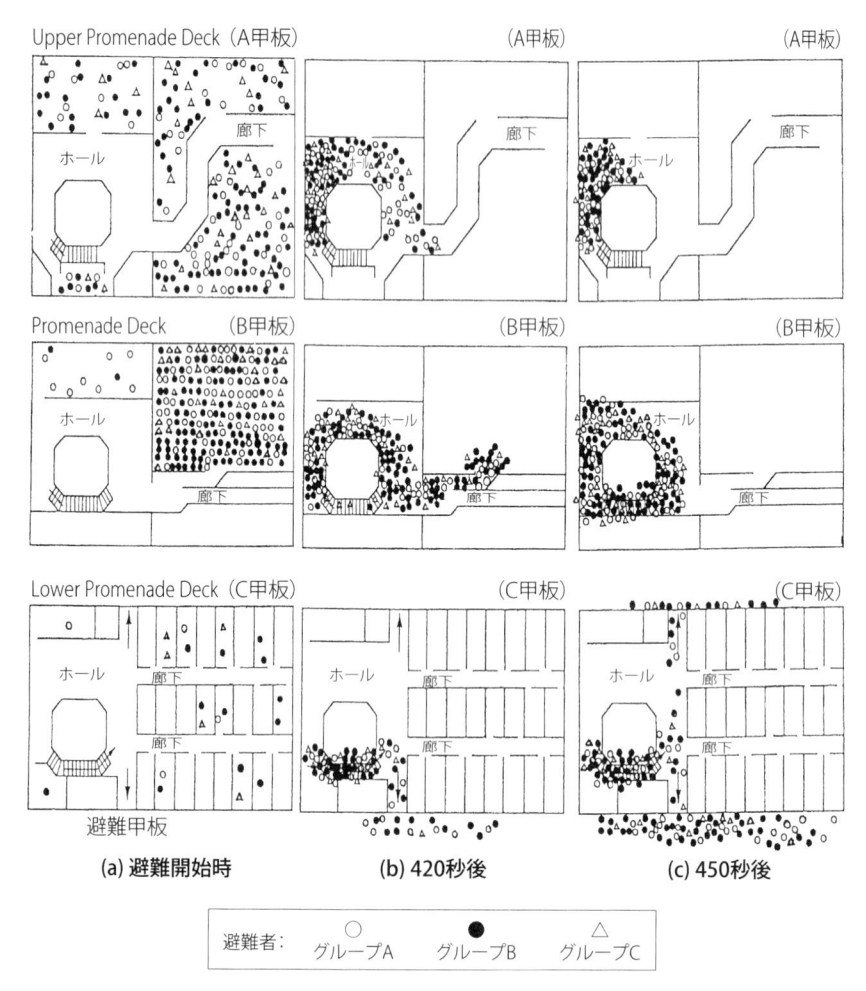

図6.6　避難開始時，420秒後，450秒後の避難シミュレーション結果

(c) 避難安全性に関するリスク評価

シミュレーションの結果から求めた避難経路の危険度の結果を図6.7および図6.8に示す。これらの結果から避難安全性を分析すると，次のようになる。

a) 避難開始時間の影響

図6.7から，避難開始時間が遅れると危険度のピークおよび累積危険度が高くなることが顕著に確認できる。とくにシナリオ2は，シナリオ1と比較してピーク値で1.5倍，累積値で1.6倍と急激に危険度が増加している。これは，A甲板の避難者は煙層降下の著しいA甲板ホールを通過しなければならないが，わずか2分の避難開始遅れが影響したものと考えられ，早期の避難開始がきわめて重要であることがわかる。

(a) 避難経路の危険度

(b) 危険度の累積値

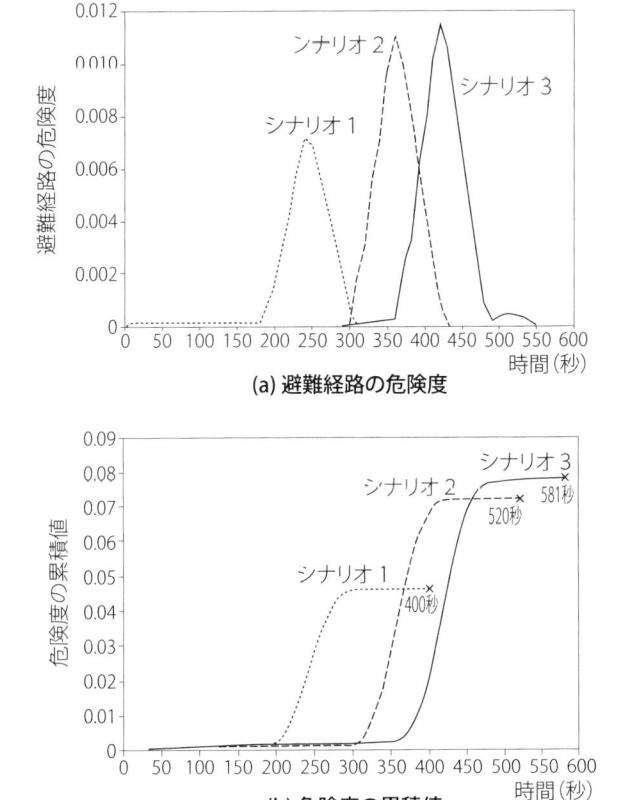

図6.7 歩行速度を一定にした場合の避難経路の危険度

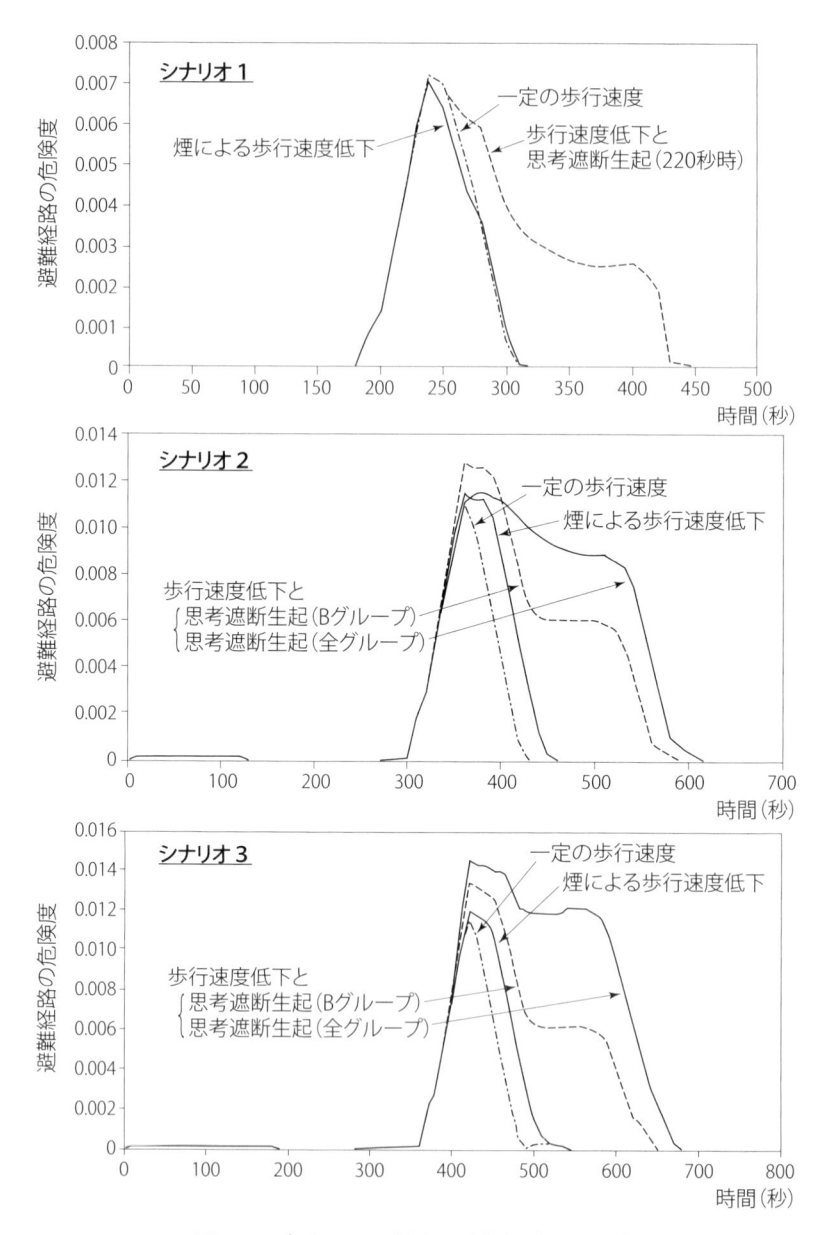

図6.8　各ケースに対する避難経路の危険度

b) 歩行速度低下と遮断の影響

　　図6.8より，いずれのシナリオの場合も歩行速度の低下を考慮することによって，危険度のピーク値の上昇が見られる。とくにシナリオ2，3のように避難開始が遅れた場合には，A甲板ホールで逃げ遅れた避難者に対して暴露危険時間が長くなっている。

　このように避難経路の危険度は，シナリオの違いによる安全性の検討のみならず，垂れ壁やスモークドアなどの防排煙対策の有効性の確認，避難口の配置検討など，避難計画の安全性評価に役立つ指標である。

6.2　安全システムのリスク解析手法

　人的過誤の防止には，緊急時の反応行動や情報処理過程をも考慮した誤判断や誤操作の起こりにくい対策が不可欠である。ただ，安全性の確保には経済的負担を伴い，これには人命の価値観が関与して難しい判断が伴うが，何らかの負担限度を定める必要がある。このため，人的・物的損失の評価額と過誤対策のコストの比較により，損失期待値の最小化などから安全レベルを設定するリスク評価を行う必要がある。ここでは，安全にかかわる機能システムの設計時にその安全性に関する構造分析を行い，事故災害の推移構造を考えて事故が生起する確率をある程度の精度で推定して，これにより改善すべき事象を抽出し，その対策の策定とその効果を予測するリスク解析法を考える。そして例として，この方法を避難安全システムに適用してみる。

(1) 人間-機械系システムの信頼性とリスク評価

(a) リスク解析の手順

　リスク解析の過程を図6.9に示すように構造分析，生起確率の推定，リスク評価分析の3つのステップに分ける[6-14]。

図6.9 リスク解析の過程

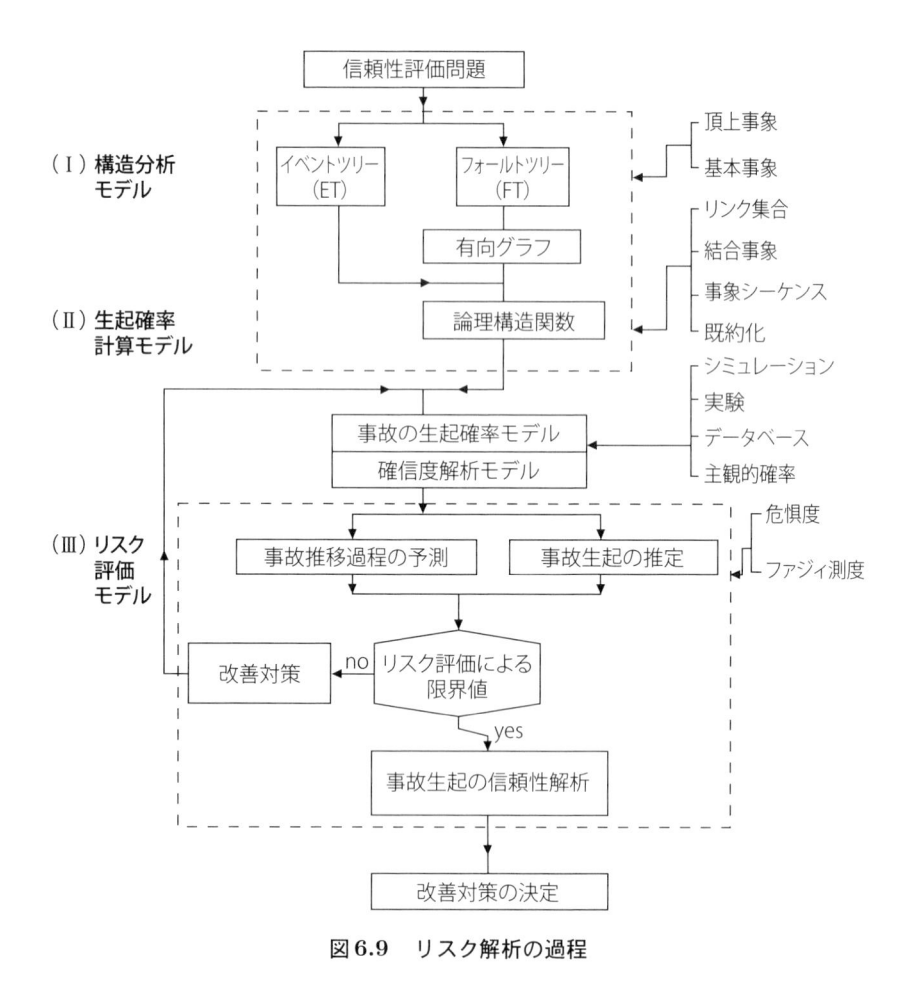

1) 構造分析過程：システムの信頼性構造を把握するために，分析対象を頂上事象とし，さらに頂上事象発生の素因・誘因となる因子を基本事象としてフォールトツリーにより表す．そして，信頼性評価問題の評価関数として構造関数を得る．

2) 生起確率の推定過程：基本事象の生起確率を，シミュレーション実験，運用者に対するインタビュー，過去事例のデータベースなどにより算定し，

これを用いて頂上事象の生起確率を算定する。
3) リスク評価分析の過程：事故発生の場合における人的・物的損失の評価額と過誤対策のコストの比較による損失期待値の最小化またはバックグラウンド評価から安全レベルを設定する。これにより，信頼性向上のための改善事象を量的に把握し，過誤対策の効果を検討する。

(b) リスク評価分析

リスク評価の手順

安全システムに関するリスク評価の手順は次の4つの過程に分かれる。

1) リスク決定因子の抽出

　　個々の安全システムについて，過去の事故例の原因分析などを対象にFTAによる信頼性解析を行い，潜在的危険性を持つ高い生起確率の卓越事象を選定することによりリスク決定因子を抽出する。

2) リスクの決定因子によるリスクの定量化

　　抽出したリスク決定因子により起因する人命，財産（船舶，積み荷など）および海洋環境に対する損害について予測し，それぞれのリスクを算定する。

3) リスク評価指標の設定

　　1)，2)の方法で算定された船舶・海洋構造物のリスクや社会通念上のリスクなどに基づき，対象とする安全システムのリスク評価のための指標を決定する。この指標により対象とするシステムの安全性評価を行う。

4) コスト・ベネフィット評価

　　安全システムのリスク対策に対するコストとリスク低減効果のバランスを最適にするためのコスト・ベネフィット評価などを行う。

リスク評価の方法

安全性を評価する場合には，人命の価値観が関与して難しい判断となる。人

命安全の確保には経済的負担を伴い，これに多くの対策コストを費やすと他の安全対策が疎かになることから，何らかの負担の限度を定める必要がある。このため，何らかの評価基準と判定法により，安全レベルを設定するリスク評価を行う必要がある[6-15]。

I. 総損失期待値によるリスク評価（コスト・ベネフィット評価）

人的・物的損失の期待値と安全対策のコストからなる総損失の期待値の最小化から安全レベルを設定する。つまり，次式で表される総損失の期待値 E のなす曲線の最下点に対応する安全レベルを選ぶ。

$$E = C + U_S + p_H U_H \tag{6.9}$$

ここに，C は安全対策のコスト，U_S は物的損失の期待値，p_H は人命損失の確率，U_H は人命損失の評価値である。

II. バックグラウンド・リスク評価

損失期待値によるリスク評価法では，人命損失の評価に社会的コンセンサスを得る難しさ，および人的損失と物的損失の加法性が問題となる。この解決のために，人命損失の確率の許容値を日常生活の中に存在する危険（バックグラウンド・リスク）などから設定し，この許容範囲の中で経済的損失が最小な対策を採用する[6-15]。

バックグラウンド・リスクとしては，死亡率が高い疾病による死亡，不慮の事故による死亡，自動車事故による死亡などの発生確率を用いる。

(2) FTA による信頼性解析—【例】避難安全システム

船舶や海洋構造物における火災時の避難安全性を確保する方策を考える上での難しさは，火災現象や煙流動の複雑さに加え，緊急時の人的要因が事態の進展にきわめて大きくかかわることである。したがって，これらを踏まえた事故生起の確率と損害の大きさを的確に予測して，避難のための安全対策を立てることが必要である。

[第6章] リスク解析   143

(a) 卓越事象によるフォールトツリー

"火災による死亡事故"は初期消火に失敗して火災が拡大し，さらに避難に失敗した場合に起き，火災による死亡事故を頂上事象とするフォールトツリーを生起確率が大きい卓越事象のみで構成すると図6.10のようになる[6-16][6-17]。このフォールトツリーでは「異常心理」と「煙の発生・浸入」なる基本事象の生起確率がとくに大きく，またツリーの中にこれらの事象が重複して見られる。

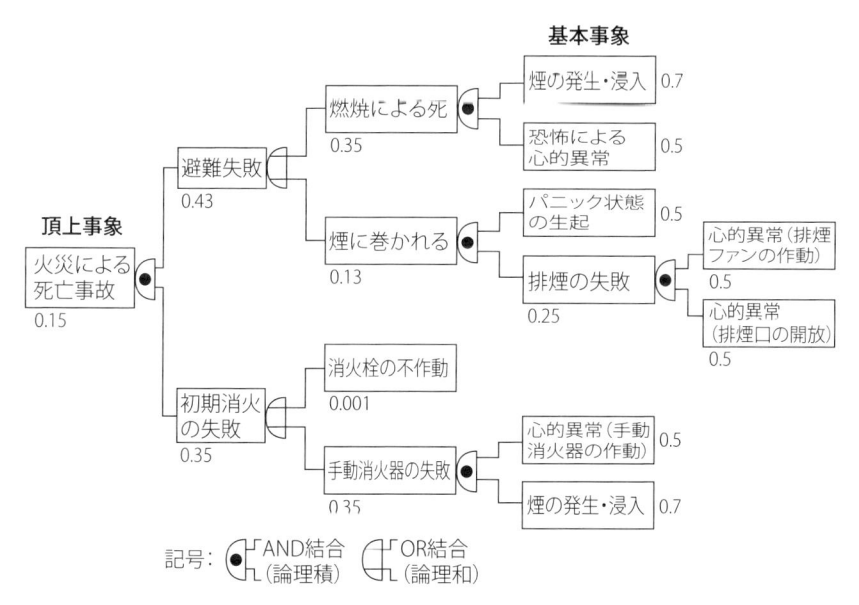

図6.10 卓越事象のみによる"火災による死亡事故"のフォールトツリー

(b) 卓越事象への対策と効果

卓越した基本事象への対策

卓越した2つの基本事象について，生起確率を下げるための具体的な対策法を考える。

I.「異常心理」への対策

　緊急時における心理情報処理[6-6]は，3.1(1)項で述べたように，状況予期が厳しい結果の場合には，恐怖の情動のみ卓越して思考遮断状態となりパニックが起こる[6-18]。したがって，「異常心理」状態の生起を回避するためには，教育・訓練による緊急時の模擬経験により理解スクリプトや行為スクリプトを豊富にし，モニタリング能力を増やすことが考えられる。

II.「煙の発生・浸入」への対策

　本質的に安全な対策として，壁材，床張り材，備品などの"不発煙化・難燃化"があげられる。ただし，これには感性や機能上から限度がある。

対策レベルと頂上事象の生起確率の関係

　対策の度合いとして，上記2種の対策に対し次のように3段階の対策レベル（対策Iは大文字，IIは小文字）を設定する。

　　「レベルN，n」：とくに対策を講じていない状態

　　「レベルA，a」：ある程度対策を講じた状態

　　「レベルB，b」：かなり対策を講じた状態

　対策の効果は，事故時の環境に応じて変化してあいまいさがあるために，図6.11に示すように想定し，対策レベルと生起確率の低下率との関係をメンバーシップ関数として表す。この2基本事象への対策の施行により頂上事象"火災による死亡事故"の生起確率も低下することになる。

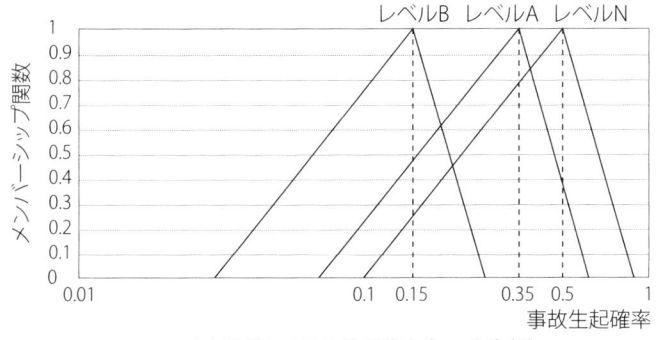

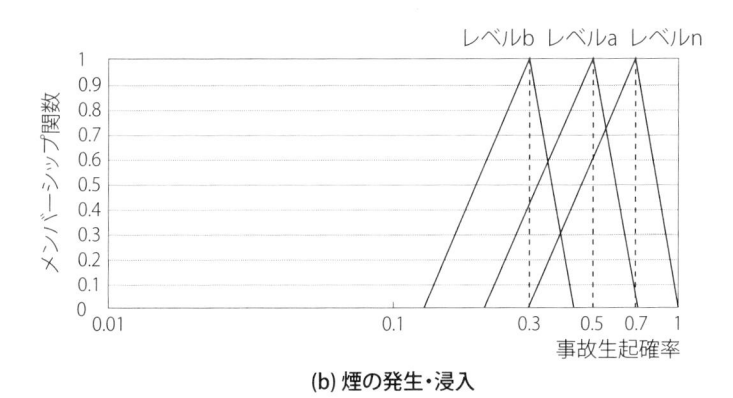

図 6.11　2種の卓越事象に対する対策の効果推定

(a) 恐怖による心的異常（パニック生起）

(b) 煙の発生・浸入

ここでは，単独の基本事象に対して施行した対策レベルに応じて得られる死亡事故の生起確率を図6.12に示す．これにより，基本事象「異常心理」と「煙の発生・浸入」に対する対策はきわめて効果があることがわかる．

図 6.12　2 種の卓越事象に対する対策による生起確率の減少

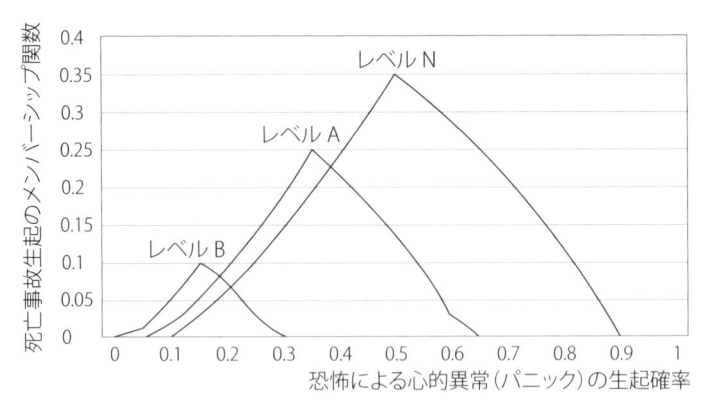

(a) 恐怖による心的異常(パニック)に対する対策

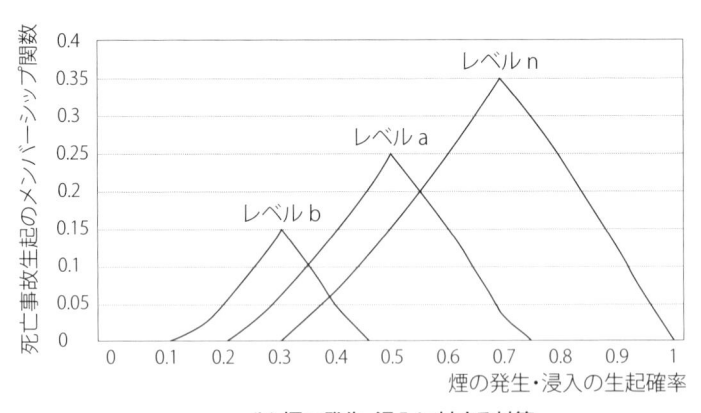

(b) 煙の発生・浸入に対する対策

(3) 避難安全システムのリスク評価

(a) リスク解析のための要因

6.2 (1) 項で述べたリスク解析の手順に従って，以下の要因を用いて避難安全システムのリスク評価を行う．

1) リスクの決定因子

"火災事故による死亡事故"のフォールトツリーにおいて，卓越事象として「異常心理」と「煙の発生・浸入」の2つの基本事象が選ばれ，これをリスクの決定因子としてリスクの算定を行う。

2) リスクの定量化

対象とする事故では死亡が問題視されるので，環境または財産については副次的と考えられ，人命に関するリスクのみ考える。

一般的なリスクの定義に基づくと，[人命に関するリスク] R_H は [人命に被害を及ぼす可能性のある事象の発生確率] p_H と [その事象が発生した場合に生じる人命の損失数] N_L の積 $R_H = p_H \times N_L$ により表される。ここで，p_H は船舶火災の発生頻度となり，その値は1978年から1995年の18年間の平均値として 4.44×10^{-4} (回/隻×年) となっている。また N_L は [頂上事象"火災による死亡事故"の生起確率] p_{TOP} と [船舶に乗っている乗船者の数] N_S の積 $N_L = p_{\text{TOP}} \times N_S$ となる。

3) 安全レベル：S

次に，人命に関するリスクとリスク決定因子に対する安全対策の効果との関係を求めるために，ここでは [安全レベル] S_i を設定し，リスク決定因子の生起確率を P_i とすると，$S_i = 1/P_i$ で定義する。さらに，n 個のリスク決定因子による [安全レベル] S は次式のように，個々のリスク決定因子の [安全レベル] S_i の積で表す。

$$S = \prod_{i=1}^{n} \frac{1}{P_i} \tag{6.10}$$

4) バックグラウンド・リスク評価のための評価指標

バックグラウンド・リスクとして次の項目の発生確率を評価指標として採用し，評価を行う。

a) 不慮の事故による死亡 (2.1×10^{-4})
b) 道路交通事故による死亡 (8.5×10^{-5})

c) 自動車事故による死亡 (6.8×10^{-5})

d) 結核による死亡 (2.1×10^{-5})

なお，これらの発生確率は厚生省の平成7年簡易生命表[6-10]のデータより求めた。

5) 損失期待値のための命の値段

リスク低減対策にかかる費用と火災事故による死亡のための損失額の合計よりなる総損失期待値の最小値に対応する安全レベルを最適点とする方法を用いる。この評価法では人命に関するリスクを金額に換算する必要があるが，これは不可能であり，倫理的にも問題があるために，「命の値段」を生命侵害による逸失利益（相手方の不法行為や違約がなかったら，失わず得られたであろう利益や収入のこと）[6-19]に置き換えて計算を行う。なお，この場合の逸失利益は新ホフマン方式により基準額[6-20][6-21]を計算している。

一人当たりの「命の値段」がわかると，[火災事故における人命に関する損失額] U_M は [人命に関するリスク] R_H と [一人当たりの命の値段] C_H の積 $U_M = R_H \times C_H$ から算出する。

(b) 対策レベルと対策費用の関係

次に，リスク低減対策にかかる費用を，リスク決定因子「異常心理」と「煙の発生・浸入」についてそれぞれ求める。

I. 「異常心理」対策

「異常心理」に対する具体的なリスク低減対策として，避難訓練回数を増やすことが考えられる。「異常心理」に対するリスク低減対策にかかる費用は，訓練1回にかかる費用と訓練回数の積により決まる。さらに，訓練1回にかかる費用は時給，訓練時間，訓練を受ける人数などにより算出できる。

そこで，6.2(2)(a)で定めた対策レベルと訓練回数の関係を求める必要

がある。その方法として，タルビング（Tulving）が1962年に単語の記憶実験よって求めた学習曲線[6-10]に基づき，対策レベル"N"は訓練0回，"A"は訓練1回，"B"は訓練3回とした。

訓練1回にかかる費用は，時給を1000円～1500円，訓練時間は8時間とし，訓練を受ける人数を対象船舶における客室乗務員の数として計算する。

II.「煙の発生・浸入」対策

「煙の発生・浸入」に対する具体的なリスク低減対策として，壁材や床材などの不発煙化，難燃化が考えられる。その費用は，壁材や床材などが主体であれば，［不発煙化（難燃化）のための1 m²当たりの材料費・施工費の増加分］×［壁，床，天井の総施工面積(m²)］となる。ここで，人件費を除いた難燃材1 m²当たりの材料費・施工費は，一般的な造作材より1500円/m²～2000円/m²アップと仮定し，床，壁，天井の総面積A_Tは対象船舶の居住区における値とする。

次に，対策レベルと材料の不発煙化（難燃化）の関係を求めるが，実際には難燃化率を2倍にするには難燃材の適用面積を単純に2倍にするものとする。したがって，対策レベルと材料の不発煙化（難燃化）の関係を求めると，対策レベル"n"は費用増加分0円であるが，対策レベル"a"では施工面積A_Cを総面積A_Tの1/3程度とすると費用増加分は1500～2000×A_C円，"b"は費用増加分1500～2000×2A_C円とした。

ただし，船舶内装の大幅な改装を行う周期は約15年から20年である。たとえばクイーンエリザベスIIの場合は25年であった。したがって，1年当たりのリスク低減対策にかかる費用は材料費・施工費の増加分を改装周期で割って，コスト・ベネフィット評価に用いる。

(c) リスク評価の結果

以上の考え方をもとに，船舶の火災事故についてのリスク評価を行う。ここでは，計算モデルとして，クルーズ客船"A"（総トン数7万7000トン，乗客数

1780名，乗組員860名）を対象とする．

客船"A"に関する，総損失期待値の最小値を求めるリスク評価の計算結果を図6.13（「異常心理」への対策）および図6.14（「煙の発生・浸入」への対策）に示す．これによると，「異常心理」に関する適当な対策としては安全レベル

(a) 時間給1000円の場合

(b) 時間給1500円の場合

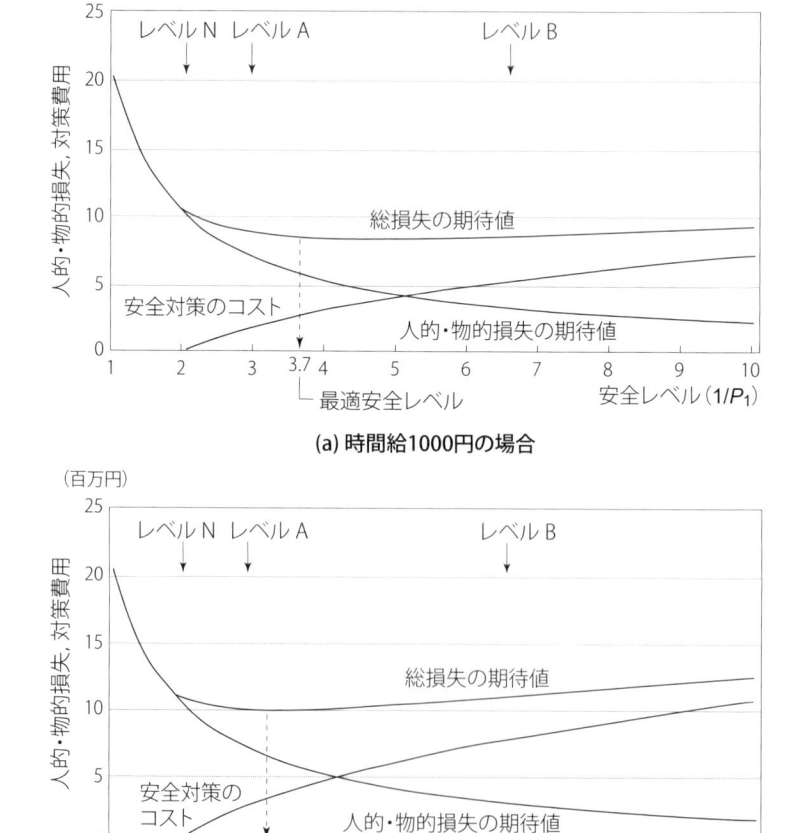

図6.13 「異常心理」への対策に関する総損失期待値によるリスク評価

"A"〜"B"にあり，年2回程度の訓練に相当する．ただし，訓練費用が仮定した値より高価であれば成り立たない．また，「煙の発生・浸入」への対策は，不発煙化（難燃化）の費用増加が $1500\,円/m^2$ 程度であれば総面積 A_T の $1/2$ 程

(a) 難発煙材1500円/m²の場合

(b) 難発煙材2000円/m²の場合

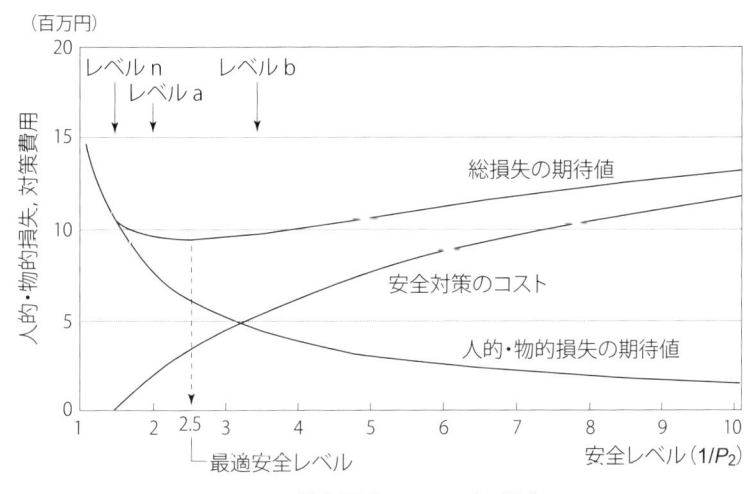

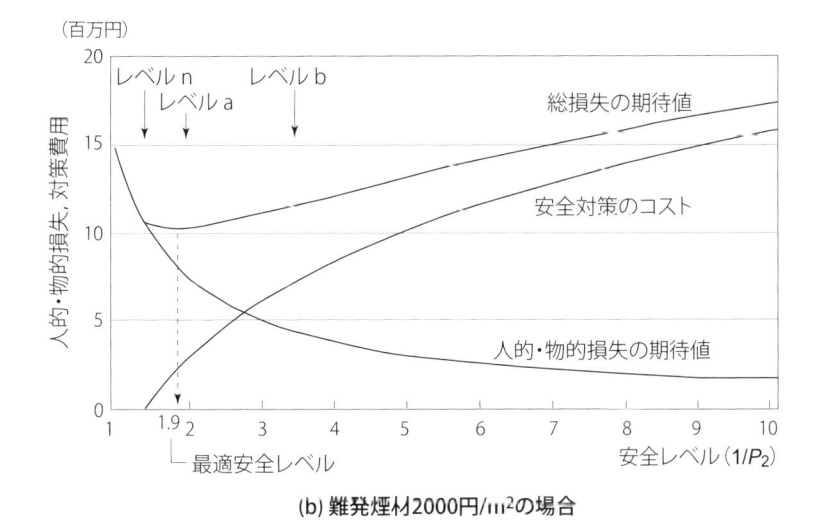

図6.14 「煙の発生・浸入」への対策に関する総損失期待値によるリスク評価

度を不発煙化するのが適当であり，費用増加が 2000 円/m² 程度であれば不発煙化を総面積 A_T の 1/3 程度施工することになる。ただ，費用増加が 2000 円/m² 以上なら無対策を選択することになる。

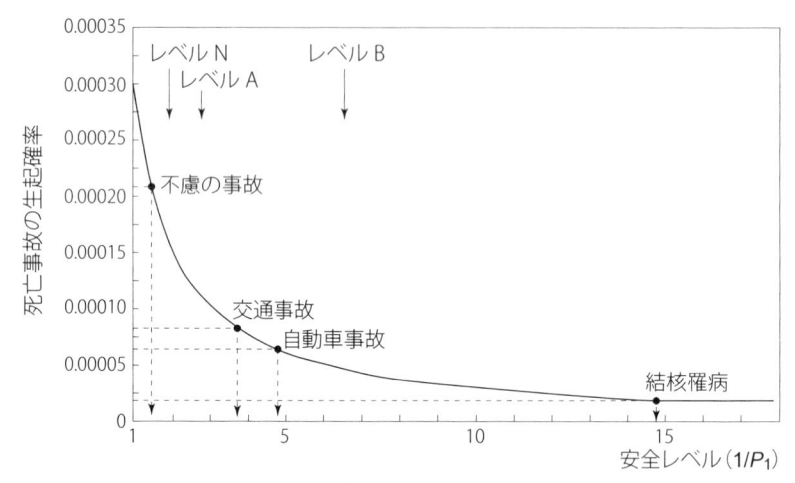

(a) 恐怖による異常心理に対する対策

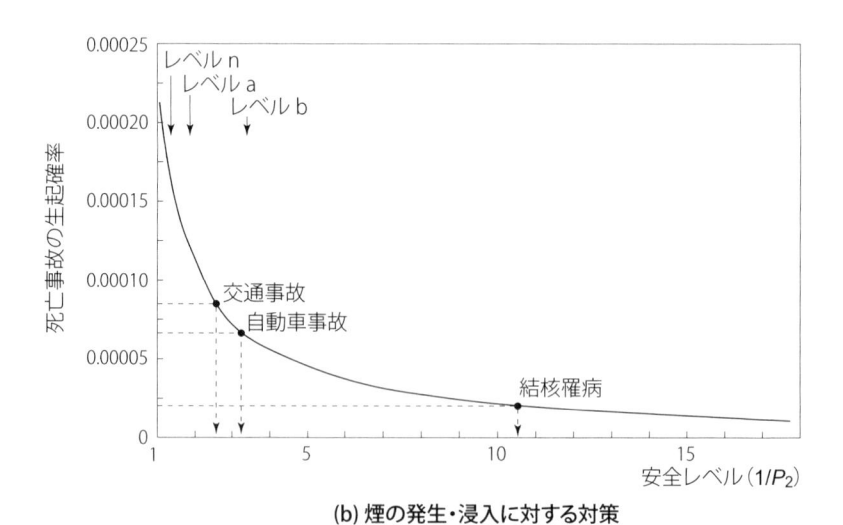

(b) 煙の発生・浸入に対する対策

図 6.15　2 種の対策に関するバックグラウンドによるリスク評価

さらに，バックグラウンド・リスク評価の計算結果を図6.15（各リスク決定要因）に示す。バックグラウンド・リスクの評価指標として［自動車事故による死亡］を採ってこの結果を判断すると，「異常心理」および「煙の発生・浸入」に関する適当な安全レベルはともに "A"～"B"，"a"～"b" にあり，年2回程度の訓練と総面積 A_T の1/2程度を不発煙化することが選択される。ただしこの方法では，比較するバックグラウンド・リスクの選択により，安全対策のレベルの判断が異なることになるが，このリスク評価法が簡単であり，一般に受け入れられやすい。

おわりに

　ヒューマン信頼性にかかわる問題は，問題解決のアルゴリズムの構築が難しい，いわゆる悪構造問題が多く，必ずしも問題解決のためのアルゴリズムや数理手法が確立しているわけではなく，高度な解析法を用いても苦労の割には良い解を得るとは限らない。したがって，この種の問題では得られる解析結果の良否は解く人の経験・感性・裁量による一方，数理手法の工夫に依存するところが大きい。とくに，信頼性解析およびリスク評価では，事故要因（基本事象）やヘディング事象の抽出は，過去の事故分析例などに基づいて解析者の経験・勘に頼ってなされることが多く，このために解析者により抽出事象が異なることがありうる。この信頼度を高めるためには，問題に適合した数理手法に基づいて定量的な解析を行う必要があるが，その際に本書の内容が役に立つことを願っている。

　さらに，ヒューマン信頼性問題のような，解析者の問題に対する認識に応じて問題の意味合いが異なる典型的な悪定義問題では，すべての人を納得させる解析結果を得ることには無理があり，実状を踏まえた折り合い点を見いだせる材料を得ることのできる数理手法が有用である。したがって，問題に応じた数理手法を選択し，得た解の含み幅を考えることは非常に大切なことであり，問題の持つ環境・条件にかかわりなく数値そのものが一人歩きするようなことは避けなければならない。

　最後に，ここで述べた信頼性解析の手法と適用例は，前述のように，著者がかつて所属した海洋システム設計学の研究室で研究の対象としたものであり，その対象例は限られているが，これらの例題を踏み台や参考にして，新しい問題への挑戦など，さらに発展していただくよう願っている。

2007年2月

福地　信義

参考文献

第1章

[1-1] たとえば，阿部俊一：システム信頼性解析法，日科技連出版社（1987）

[1-2] 福地信義：悪定義問題の解決―数理計画学，九州大学出版会（2006）

[1-3] 川越邦雄 他：新建築学大系12 建築安全論，彰国社（1983）

[1-4] 畑村洋太郎：失敗知識データベースの構造と表現，科学技術振興機構，http://shippai.jst.go.jp/fkd/Contents?fn=1&id=GE0704（2005）

[1-5] 海難審判庁：海難審判の現況（1997年～2001年）

[1-6] Hollnagel, H.：ヒューマンファクターと事故防止，海文堂出版（2006）

[1-7] 浅居喜代治：現代人間工学概論，オーム社（1980）

[1-8] 村山雄二郎：内航タンカー近代化船・荷役自動化システム共同研究資料（1994）

[1-9] 林喜男：人間信頼性工学，海文堂出版（1984）

[1-10] Rasmussen, J.：Classification System For Reporting Events Involving Human Malfunction, Risø M-2240（1981）

[1-11] 清水，佐野：設備信頼性工学，海文堂出版（1987）

[1-12] Kammen, D. M., Hassenzahl, D. M.：リスク解析学入門，シュプリンガー・フェアラーク東京（2001）

[1-13] 鈴木，牧野，石坂：EMEA・FTA実施法，日科技連出版社（1982）

第2章

[2-1] 林喜男：人間信頼性工学，海文堂出版（1984）

[2-2] たとえば，阿部俊一：システム信頼性解析法，日科技連出版社（1987）

[2-3] D. M. Kammen, D. M. Hassenzahl：リスク解析学入門，シュプリンガー・フェアラーク東京（2001）

[2-4] A. D. Swain, H. E. Guttmann：Handbook of Human-reliability Analysis with Emphasis on Nuclear Power Plant Applications, U. S. Nuclear Regulatory Commission (1983)

[2-5] Rasmussen, J.：Classification System for Reporting Events Involving Human Multifunction, Riso-M-2240 (1981)

[2-6] 古賀幹生，福地信義：船舶の液体荷役の安全性と自動化システムに関する研究（その2）荷役作業の安全性・信頼性，西部造船学会会誌，第104号（2002）

[2-7] 福地，浦口，篠田，田村：状態推移を考慮したEvent Tree解析による海洋事故分析，西部造船会会報，第109号，pp.71–82（2005）

[2-8] 神田直弥，石田敏郎：航空機事故とヒューマンファクター，オペレーションズ・リサーチ，2000年11月号，pp.574–578（2000）

[2-9] 福地，田村，小山：危機時の心理過程と緊張度に基づく海洋事故の生起について，日本造船学会論文集，第193号，pp.109–119（2003）

[2-10] 宇宙開発事業団：ヒューマンファクター分析ハンドブック 補足（暫定）版（2001）

[2-11] 海難審判庁裁決録：貨物船雄瑞丸貨物船日鋼丸衝突事件，平成10年1・2・3月号（1998）

[2-12] たとえば，森村，高橋：マルコフ解析，日科技連出版社（1995）

[2-13] 篠田，福地：ヒューマン・エラーを考慮した機能システムの信頼性評価（その1）事故の生起確率の推定法，日本造船学会論文集，第176号（1994）

[2-14] 内航ジャーナル：海運なんでもデータ集，2000年版（2000）

[2-15] 日本造船研究協会編：第42基準研究部会 船舶の確率論的安全評価方法に関する研究調査（平成9年度報告書）（1998）

[2-16] 海難審判庁：海難審判の現況（1997年〜2001年）

第3章

[3-1] 林喜男：人間信頼性工学，海文堂出版（1984）

[3-2] 福地，小山，篠田：緊急時の心理過程と歩行モデルによる避難行動の解析，日本造船学会論文集，第186号（1999）

[3-3] 小林，堀内：オフィスビルにおける火災時の人間行動の分析（その2）行動パターンの抽出，日本建築学会論文報告集，第284号，pp.119–125（1979）

[3-4] 堀内三郎 他4名：大洋デパート火災における避難行動について（その2）日本建築学会大会学術講演梗概集（北陸）（1974）

[3-5] 池田謙一：認知科学選書9 緊急時の情報処理，東京大学出版会（1986）

[3-6] 堀内三郎，藤田忍：大阪梅田Fビル地下階火災における避難行動の研究，日本建築学会大会学術講演梗概集（北海道）（1978）

[3-7] 長根光男：心理的ストレスとMFFテストを指標とした注意について，*Japanese Journal of Psychology*, Vol.157, No.6（1987）

[3-8] 釘原直樹：パニック実験―危機事態の社会心理学，ノカニシヤ出版（1995）

[3-9] 安倍北夫：パニックの人間科学―防災と安全の危機管理，ブレーン出版（1986）

[3-10] 福地，篠田，小野：緊張ストレス環境における海洋事故の状態遷移と安全性評価（その1）緊張ストレスと心拍変動，日本造船学会論文集，第188号，pp.465–478（2000）

[3-11] 福地，篠田，小野，田村：緊張ストレス環境における海洋事故の状態遷移と安全性評価（その2）事故までの推移と安全対策，日本造船学会論文集，第190号，pp.671–683（2001）

[3-12] 井上欣三 他：危険の切迫に対して操船者が感じる危険感の定量モデル，日本航海学会論文集，第98号，pp.235–245（1997）

[3-13] 井上欣三 他：海上交通安全評価のための技術的ガイドライン策定に関する研究Ⅰ―環境負荷の概念に基づく操船の困難性評価―，日本航海学会論文集，第98号，pp.225–234（1997）

[3-14] 神田直弥，石田敏郎：航空機事故とヒューマンファクター，オペレーションズ・リサーチ，2000年11月号，pp.574–578（2000）

[3-15] 宇宙開発事業団：ヒューマンファクター分析ハンドブック 補足（暫定）版（2001）

[3-16] 福地，田村，小山：危機時の心理過程と緊張度に基づく海洋事故の生起について，日本造船学会論文集，第193号，pp.109–119（2003）

[3-17] 日本造船研究協会：「第42基準研究部会 船舶の確率論的安全評価方法に関する調査研究（平成9年度報告書）」（1998）

[3-18] 安倍北夫：パニックの人間科学—防災と安全の危機管理，ブレーン出版（1986）

第4章

[4-1] 井上欣三 他：危険の切迫に対して操船者が感じる危険感の定量モデル，日本航海学会論文集，第98号，pp.235–245（1997）

[4-2] 井上欣三 他：海上交通安全評価のための技術的ガイドライン策定に関する研究I—環境負荷の概念に基づく操船の困難性評価—，日本航海学会論文集，第98号，pp.225–234（1997）

[4-3] 細田龍介 他：船舶の乗り心地評価に関する研究（第3報）乗り物酔い発症時の生理的変化の計測，日本造船学会論文集，第176号，pp.517–524（1994）

[4-4] 小林弘明，仙田晶一：心拍変動データによる操船者の知的負担の研究，日本航海学会論文集，第98号，pp.247–254（1997）

[4-5] 宮田洋（監修）：生理心理学の基礎，新生理心理学，1巻，北大路書房（1998）

[4-6] Aksrelrod, S. et al. : Power spectrum analysis of heart rate fluctuation ; A quantitative probe of beat-to-beat cardiovascular control, *Science*, Vol.213, pp.220–222（1981）

[4-7] Yamamoto, Y., Hughton, R. L. : Coarse-graining spectral analysis ; New method for studying heart rate variability, *J. App. Physiological*, Vol.71, pp.1143–1150（1991）

[4-8] Yamamoto, Y., Hughton, R. L. : Extracting fractal components from time series, *Physical-science* D, Vol.68, pp.250–264（1993）

[4-9] 原潔：輻輳海域における避航操船基準の有効性，日本航海学会論文集，第85号，pp.33–40（1990）

第5章

[5-1] たとえば，森村，高橋：マルコフ解析，日科技連出版社（1995）

[5-2] 福地，篠田，小野：緊張ストレス環境における海洋事故の状態遷移と安全性評価（その1）緊張ストレスと心拍変動，日本造船学会論文集，第188号，pp.465–478（2000）

[5-3] 青木義次：火災フェイズの拡大に関する確率論的研究（1），（2）（1979）

[5-4] 井上欣三 他：危険の切迫に対して操船者が感じる危険感の定量モデル，日本航海学会論文集，第98号，pp.235–245 (1997)

[5-5] A. D. Swain, H. E. Guttmann : Handbook of Human-reliability Analysis with Emphasis on Nuclear Power Plant Applications, U. S. Nuclear Regulatory Commission (1983)

[5-6] 林喜男：人間信頼性工学，海文堂出版 (1984)

[5-7] 海難審判庁：平成10年度版 海難審判の現況 (1998)

[5-8] 日本造船研究協会：「第42基準研究部会 船舶の確率論的安全評価方法に関する調査研究（平成9年度報告書）」(1998)

[5-9] 福島弘：新海難論，成山堂書店 (1991)

[5-10] 日本経営工学会編：経営工学ハンドブック，丸善出版 (1994)

[5-11] 下野，松田，福戸：単独当直のための航海支援システムの設計と実証船による機能性評価，日本造船学会論文集，第187号，pp.329–337 (2000)

[5-12] 福地信義，篠田岳思，村田理：航海支援システムのための緊張ストレス計測とタスク分析，西部造船会，第103号，pp.91 100 (2002)

[5-13] 全国内航タンカー海運組合：内航タンカー安全指針，成山堂書店 (1998)

[5-14] 古賀幹生，福地信義：船舶の液体荷役の安全性と自動化システムに関する研究（その2）荷役作業の安全・信頼性，西部造船会，第104号 (2002)

[5-15] 古賀幹生，福地信義：船舶の液体荷役の安全性と自動化システムに関する研究（その1）荷役制御，西部造船会，第103号，pp.77–89 (2002)

第6章

[6-1] 福地，小山，篠田：緊急時の心理過程と歩行モデルによる避難行動の解析，日本造船学会論文集，第186号 (1999)

[6-2] 池田謙一：認知科学選書9 緊急時の情報処理，東京大学出版会 (1986)

[6-3] 建築物総合防火委員会：建築物の総合防火設計法（第3巻）避難安全設計法，日本建築センター (1989)

[6-4] 田中哮義：建築火災安全工学入門，日本建築センター (1993)

[6-5] 安部北夫：パニックの人間科学，ブレーン出版 (1986)

[6-6] 池田謙一：認知科学選書9 緊急時の情報処理，東京大学出版会（1986）

[6-7] 防災システム研究会：建築防火の基本計画，オーム社（1977）

[6-8] 堀内三郎 他4名：大洋デパート火災における避難行動について（その2），日本建築学会大会学術講演梗概集（北陸）（1974）

[6-9] 斎藤平蔵 他6名：火災と人間行動のシミュレーション（その3），在館者の行動・心理の法則性，日本建築学会大会学術講演梗概集（中国）（1977）

[6-10] 佐藤方彦 他：人間工学基準数値数式便覧，技報堂出版（1992）

[6-11] 日本建築センター：煙流動及び避難性状予測のための実用計算プログラム解説書（第2版），新洋社（1992）

[6-12] 田中，中村：建築内煙流動予測計算モデル，建築研究所報告，No.123（1989）

[6-13] 福地，篠田，吉田：火災時の避難安全性と評価指標について，西部造船会会報，第90号（1995）

[6-14] 福地，篠田：ヒューマンエラーを考慮した機能システムの信頼性評価（その1）事故の生起確率の推定法，日本造船学会論文集，第176号，pp.603–613（1994）

[6-15] 川越邦夫 他：新建築学大系12 建築安全論，彰国社（1983）

[6-16] A. D. Swain, H. E. Guttmann：Handbook of Human-reliability Analysis with Emphasis on Nuclear Power Plant Applications, U. S. Nuclear Regulatory Commission（1983）

[6-17] Rasmussen, J.：Classification System for Reporting Events Involving Human Multi-function, Riso-M-2240（1981）

[6-18] 安部北夫：パニックの人間科学，ブレーン出版（1986）

[6-19] 斉藤博明：損害賠償における休業損害と逸失利益算定の手引き，保険毎日新聞社（1995）

[6-20] 六法全書，有斐閣（1997）

[6-21] 労働大臣官房政策調査部編：労働統計要覧，大蔵省印刷局（1997）

索　引

【アルファベット】
$1/f^\beta$ ゆらぎ　76
Active 対策　12
AIS　73
AND 結合　28
ARPA　73
CD　62, 64
CGSA 法　77
Dependence Model　43
ECDIS　73
FMEA　25
Fussel-Vessly 指標　51
FV 値　51
Hollnagel　17
Norman のスキーマ理論　101
NURER/CR-1278　35
OR 結合　28
Passive 対策　12
PNS　78, 80, 83, 110, 115
Radar　73
Rasmussen　22
SJ 値　63, 86, 95
SNS　78, 80, 83, 86, 110, 115
Swain　43
TS　64
Weber-Fechner の感覚法則　30

【あ行】
あいまいさ　29
あいまい量　41
悪定義問題　11
揚げ荷役時　110, 115
安全状態　15, 90
安全対策コスト　17, 142
安全レベル　147

異常心理　143, 148
命の値段　148
イベントツリー　47
イベントツリー解析　33
インタビュー　103

運用時の人的過誤　14
疫学的事故モデル　18
液体荷役操作支援システム　104
ェラーの確率　43
煙層降下による歩行速度の低下　131, 135

【か行】
開口部流動係数　126
海上衝突予防法　70
階層構造　28
外的対応　54
海難審判　36
海難審判庁裁決録　37
回復係数　44, 49
拡大要因　11
火災による死亡事故　143
火災・避難訓練　123
稼動率　24
感覚的尺度　30
環境ストレス値　82, 96
環境負荷　75

機側手動　109
機器故障　13
危機度　62, 64
危惧度　30, 41
危険感　63
危険状態　15
機能配分　19
基本事象　28
既約化　28, 41
吸収状態　15
吸収法則　28
教育・訓練　55, 73
緊張ストレス　89, 96, 109
緊張ストレス環境　53, 62
緊張ストレス値　86
緊張度　64, 78

クルーズ客船　131, 149
計画・設計段階の不良　13
経験・勘　34, 39
煙の発生・浸入　143, 149
煙流動シミュレーション　129
言語変数　29

行為スクリプト　54
交感神経　76
交感神経活動の指標　78
構造関数　41
構造分析　139
航法不遵守　100
合流空間　125
故障率　23
個人差　65
コスト・ベネフィット評価　142

【さ行】
作業スキル　75

資源配分　56
思考遮断　53, 56, 68, 123
事故刺激　57
事故の構造　12
事後分析手法　35
事故要因　28
システム機能構成　114
自動衝突予防援助装置　73
指標化　122
周期成分　77
従属影響の強さ　43
従属変数　43, 44
修復可能　15
修復可能な危険状態　90
修復不可能な危険状態　90
主観的危険度　63, 86, 95
主観的衝突危険度　82
熟練者　65
状況の再定義　56
状態推移　15, 89
状態推移図　89
状態推移モデル　90
情動・行為反応量　57
衝突事故　36, 37, 64, 90
衝突事故の原因　100
衝突防止対策　102
初心者　65
心臓迷走　76

人的過誤　8
人的・物的損失　17
人的・物的損失の期待値　142
心電図　75
心拍変動　76, 109
信頼性の確保　20
信頼度　23
心理情報処理　53, 123
心理情報処理過程　54, 62
心理的要因　60

推移確率　91
推移行列　91
数学モデル　57
スペクトル解析　75

生起確率　29
生起確率の推定　139
正帰還　12
制御安全　12
静止対象物への衝突　34
成否確率　42
船舶自動識別装置　73
船舶の火災事故　149
船陸ミーティング　112, 114, 118

素因　11
操船　70
操船環境モデル　96
操船経験　70
総損失期待値　17
創発的事故モデル　18
粗視化スペクトル法　77
組織の不全　8, 13
存在確率　93

【た行】
対策レベル　144
単位時間ステップ　94
単船モデル　95

知覚　70
頂上事象　28
直積集合　42
直列的推移モデル　92

通路　125
積み付け計画　107
積み荷役時　112, 115
ツリー型分析法　27

索引

出会い船　99
電子海図　73

当直システム　73
同定法則　28

【な行】
内航LPGタンカー　80
内的対応　54

2層ゾーンモデル　129
荷役計画　107
荷役作業の過程　105
荷役自動化システム　114
荷役制御室　115
荷役責任者　104, 110, 115
荷役操作計画　109
荷役内容の説明　112, 114
人間－機械系　19

乗り揚げ事故　45

【は行】
背景要因　22, 28
排除ノード　37
バイナリ型分岐　33
バックグラウンド・リスク　17
バックグラウンド・リスク評価　142
パニック　53, 56, 122
バリエーションツリー解析　35, 45
判断　70
判断失敗　100
判断プロセス　54
反応プロセス　54

ヒアリング　109
避難軌跡　60
避難空間　125
避難経路の危険度　130, 136
避難行動のシナリオ　131
避難シミュレーション　60, 126, 131
避難モデル　122, 125
ヒューマンエラー　8
標準レベル　65
頻度確率　29

フォールトツリー解析　27, 92
負帰還　12
副交感神経　76

副交感神経活動の指標　78
不発煙化　151
ブレイク　37
分岐シナリオ　34

平均故障間隔　24
ヘディング事象　33, 42
変動要因　37

歩行速度　124
保全度　24
本質安全　12

【ま行】
マクロ海難事故データ　70
マルコフ過程　40, 91

見張り不十分　100

メンバーシップ関数　42

モニタリング　55

【や行】
誘因　11
有限マルコフ連鎖　89

用途空間　125

【ら行】
理解スクリプト　54
リスク解析　139
リスクの決定因子　141, 147
リスクの定量化　141, 147
リスク評価　121, 141
リスク評価分析　139
旅客フェリー　83
リラックス度　78

類似データ　29
累積確率　93
累積危険度　137

連続的事故モデル　17

漏油事故　30

＜著者＞

福地 信義（ふくち のぶよし）　工学博士

1967年　九州大学大学院工学研究科修了
1967年　三菱重工業(株)入社
1972年　長崎大学工学部(構造工学科)講師・助教授
1985年　九州大学工学部(造船学科)教授
2000年　九州大学工学研究院(海洋システム工学部門)教授
2006年　九州大学名誉教授

ISBN978-4-303-72975-2

ヒューマンエラーに基づく海洋事故

2007年4月5日　初版発行　　　　　　　　　　© N. FUKUCHI 2007

著　者　福地信義　　　　　　　　　　　　　　　検印省略
発行者　岡田吉弘
発行所　海文堂出版株式会社

　　　　本　社　東京都文京区水道 2-5-4（〒112-0005）
　　　　　　　　電話 03(3815)3292　FAX 03(3815)3953
　　　　　　　　http://www.kaibundo.jp/
　　　　支　社　神戸市中央区元町通 3-5-10（〒650-0022）
　　　　　　　　電話 078(331)2664

日本書籍出版協会会員・工学書協会会員・自然科学書協会会員

PRINTED IN JAPAN　　　　　　　　印刷　田口整版／製本　小野寺製本

本書の無断複写は，著作権法上での例外を除き，禁じられています。本書は，(株)日本著作出版権管理システム（JCLS）への委託出版物です。本書を複写される場合は，そのつど事前に JCLS（電話 03-3817-5670）を通して当社の許諾を得てください。